安徽省质量工

生物标本
制作教程

主　编　李永民

副主编　王　侠　晏　鹏　张　兴

编　委（以姓氏笔画为序）

　　　　王晓宇　田用用　李　珂　李东伟
　　　　李浩然　沈建云　张瑞娥　武亚涛
　　　　项小燕　聂传朋　聂海涛　徐慧冬
　　　　陶瑞松　董　锴

中国科学技术大学出版社

内容简介

本书为安徽省一流规划教材，依托安徽省大学生生物标本制作大赛和安徽省科普基地，围绕剥制标本、干制标本、包埋标本、浸制标本、骨骼标本等领域不断传承、突破，并进行一系列技术创新，比如聚氨酯泡沫胶填充技术、聚苯乙烯雕刻泡沫塑型技术、脊椎动物透明骨骼技术、植物保色技术、昆虫环氧树脂包埋技术、血管铸型技术和原色浸制技术等。本书创新循环利用动植物资源，在原有的基础上，充分发掘动植物标本的潜在价值，将其形成标本采集、制作、展示、科普宣教的完整链条，充分体现学生自制标本的教学、科研和社会价值，实现标本制作成果的深化应用，培育学生生态文明素养，提升学生生态学实践技能，服务区域生态文明建设。

本书将动物学、植物学、生态学和保护生物学等多个学科领域有机地结合在一起，通过参与大学生生物标本竞赛，培养学生的实际应用能力，灵活运用所学知识，形成"实践-技术-应用"三位一体的新型教学模式。

图书在版编目(CIP)数据

生物标本制作教程 / 李永民主编. -- 合肥：中国科学技术大学出版社，2025.1. -- ISBN 978-7-312-06185-1

Ⅰ. Q-34

中国国家版本馆 CIP 数据核字第 20240V1X32 号

生物标本制作教程
SHENGWU BIAOBEN ZHIZUO JIAOCHENG

出版	中国科学技术大学出版社 安徽省合肥市金寨路96号，230026 http://press.ustc.edu.cn https://zgkxjsdxcbs.tmall.com
印刷	合肥华苑印刷包装有限公司
发行	中国科学技术大学出版社
开本	787 mm×1092 mm　1/16
印张	9.5
插页	6
字数	246 千
版次	2025 年 1 月第 1 版
印次	2025 年 1 月第 1 次印刷
定价	40.00 元

前　言

　　生物标本制作是一门融合动物学、植物学和生态学等多个学科领域的综合实践课程,同时也是一项科学性和艺术性相结合的独特技艺。

　　生物标本广泛应用于教学、科研、科普宣教等领域,对于提高公众的生物多样性保护意识具有重要作用。每一件生物标本都是一个载体,承载着丰富的遗传、进化及系统发育信息,为分子生物学研究提供了重要而直接的样品来源。在分类学领域,它是新种发表和物种新分布区记述的可靠证据。在教学上,标本是动植物分类学的直观教具,在实践上,通过让学生自制生物标本,熟悉和掌握标本制作过程,可以锻炼学生实践技能。

　　传统的动物标本制作技艺即剥制标本制作始于英国,有300余年历史。近代中国的生物标本制作技术从欧洲传入后,形成"南唐北刘"两派。"南唐"即籍贯福建福州的唐氏家族,擅长"填充法"制鸟类、小型哺乳动物、小型爬行动物标本。"北刘"即以刘树芳为代表的刘氏标本制作家族,擅长"假体法"制哺乳动物标本,在标本结构的科学性、坚固性以及生态造型上特色鲜明。

　　近年来,安徽省大学生生物标本制作大赛成功举办和发展壮大,极大地推动了安徽省各高校生物标本制作人才的培养工作。通过参与此项赛事,激发生物学类相关专业大学生热爱自然、保护环境、探究生命的浓厚兴趣,以赛促学,以赛促教,以赛促改,培养大学生的创新意识、动手能力和合作精神。

　　为顺应当前生物标本制作人才培养需求和宠物标本制作需要,来自阜阳师范大学、安徽师范大学、安庆师范大学、合肥师范学院、武夷学院等单位的一线工作者组成编撰团队,依托安徽省大学生生物标本制作大赛和校内外实践实训基地,围绕剥制标本、干制标本、包埋标本、浸制标本和骨骼标本等领域不断传承、突破,并进行一系列技术创新,比如聚氨酯泡沫胶填充技术、聚苯乙烯泡沫假体雕刻技术、脊椎动物透明骨骼技术、植物保色技术、昆虫环氧树脂包埋技术、鸟羽清洁技术、无毒防腐剂技术、调姿细整塑型技术和原色浸制技术等,同时,拓宽学生自制标本应用渠道,充分发挥标本的教学、科研和科普宣教价值,实现标本制作成果的深化应用,培养学生生态文明素养,提升学生实践技能,服务区域生态文明建设。经过编撰团队的不懈努力,力图展示当前大学生生物标本制作领域新技术、新材料、新创意的《生物标本制作教程》终于面世。

本书共分13章。第1章"绪论"扼要介绍生物标本发展简史和生物标本类型。第2章至第11章分类群介绍干制、剥制、浸制、包埋等标本制作技术，每章围绕样品采集及器材准备、标本制作基本流程、初学者实际操作中遇到的问题及应对措施、技术创新点及成果展示与应用等环节详细论述，并吸收了国内生物标本制作领域教学和实践创新成果。随着新技术、新材料在生物标本制作领域不断应用，创新创意思维在生物标本组合和标本展示环节应用越来越广泛，第12章"生物标本创意作品制作"总结了近年来大学生生物标本制作大赛作品的新颖创意，以期启迪学生的创新性思维。第13章"生物标本保管"介绍生物标本的保存方法、管理措施、科普宣教展示与应用等。

由于编写时间仓促，加之编者水平有限，本书虽经反复修改，其中错误、疏漏和不足之处在所难免，恳请各位专家和广大读者批评指正。

编 者

2024 年 10 月

目 录

前言 ·· (i)

第 1 章 绪论 ·· (1)
1.1 生物标本发展简史 ··· (1)
1.2 生物标本类型 ·· (1)

第 2 章 昆虫针插标本制作 ··· (4)
2.1 概述 ··· (4)
2.2 昆虫针插标本采集 ··· (4)
2.3 昆虫针插标本制作方法 ··· (6)

第 3 章 昆虫琥珀标本制作 ··· (12)
3.1 概述 ··· (12)
3.2 昆虫琥珀标本制作流程 ··· (12)
3.3 琥珀标本制作中的常见问题 ··· (14)
3.4 琥珀标本制作改进与探索 ·· (14)

第 4 章 无脊椎动物玻片标本制作 ··· (17)
4.1 概述 ··· (17)
4.2 无脊椎动物采集 ··· (18)
4.3 无脊椎动物玻片标本制作方法 ·· (19)

第 5 章 两栖爬行动物剥制标本制作 ·· (23)
5.1 概述 ··· (23)
5.2 两栖爬行动物剥制标本采集 ··· (23)
5.3 两栖爬行动物剥制标本制作方法 ·· (25)

第 6 章 鸟类剥制标本制作 ··· (31)
6.1 概述 ··· (31)
6.2 鸟类剥制标本采集 ··· (32)
6.3 鸟类剥制标本制作方法 ··· (34)
6.4 鸟类剥制标本技术创新 ··· (53)

第 7 章 哺乳动物剥制标本制作 ·· (61)
7.1 概述 ··· (61)
7.2 哺乳动物剥制标本采集 ··· (61)
7.3 哺乳动物剥制标本制作方法 ··· (62)

第8章 脊椎动物浸制标本制作 ……………………………………………（75）
8.1 概述 ………………………………………………………………（75）
8.2 常用器材和药品 …………………………………………………（75）
8.3 脊椎动物整体浸制标本制作 ……………………………………（77）
8.4 脊椎动物整体剖浸标本制作 ……………………………………（82）
8.5 脊椎动物器官和系统剖浸标本制作 ……………………………（91）

第9章 脊椎动物骨骼标本制作 …………………………………………（99）
9.1 概述 ………………………………………………………………（99）
9.2 普通骨骼标本制作 ………………………………………………（99）
9.3 透明骨骼标本制作 ………………………………………………（110）

第10章 植物腊叶标本制作 ……………………………………………（118）
10.1 概述 ……………………………………………………………（118）
10.2 植物腊叶标本采集 ……………………………………………（119）
10.3 植物腊叶标本制作方法 ………………………………………（120）

第11章 植物浸制标本制作 ……………………………………………（128）
11.1 概述 ……………………………………………………………（128）
11.2 植物浸制标本采集 ……………………………………………（128）
11.3 植物浸制标本制作方法 ………………………………………（131）

第12章 生物标本创意作品制作 ………………………………………（134）
12.1 概述 ……………………………………………………………（134）
12.2 生物标本创意制作案例展示 …………………………………（134）

第13章 生物标本保管 …………………………………………………（139）
13.1 生物标本保存 …………………………………………………（139）
13.2 生物标本管理 …………………………………………………（140）
13.3 生物标本展示 …………………………………………………（141）
13.4 生物标本应用 …………………………………………………（142）

参考文献 …………………………………………………………………（145）

彩图 ………………………………………………………………………（147）

第1章 绪 论

生物标本广泛应用于教学、科研、科普宣教等领域,对于增强公众的生物多样性保护意识具有重要作用。每一件生物标本都是一个载体,承载着丰富的个体遗传信息、种群进化及其系统发育信息,为分子生物学研究提供了重要而直接的样品来源。在分类学领域,它是新物种发表和物种新分布区记述的可靠证据。在教学上,标本是动植物分类学的直观教具,在实践上,通过让学生自制生物标本,熟悉和掌握标本制作过程,从而培养学生的实践技能。

1.1 生物标本发展简史

早在18世纪初,熟制动物毛皮的作坊已布满西方国家的每一个小镇。猎手们把兽皮拿到家具装饰店去加工,工匠们把兽皮缝起来,再把毯子、棉花等塞进去,制成贵族家居装饰品。18世纪60年代以后,伴随着动物学的兴起,现代动物剥制技术开始在英国出现。19世纪末20世纪初,动物标本制作技术从欧洲传到中国。经过多年的完善,在中国形成了各具风格特色的两大派系——"南唐北刘",南方以唐家的填充法为代表,北方以刘家的捆绑法为代表。

唐氏标本制作技艺的起源要追溯至19世纪末,"开山鼻祖"唐春营连同族人,在英国人拉图史的指导下,开始采集制作动物标本。唐氏后代从最初的制作动物研究标本逐渐发展为制作动物生态标本,他们擅长制作鸟类标本,开创了标本填充技艺,该方法省时简便、易于操作。

"北刘"是指以刘树芳为代表的刘氏标本制作家族,他曾于1908年跟随德国人勒克学习动物标本制作。在19世纪末20世纪初,我国开创新学设博物课,刘树芳先生由旗学堂转入北大博物实习科,后调入农事试验场实习,从事动物饲养、繁殖和标本制作等工作,我国第一例亚洲象标本就是由刘树芳先生制作的。刘先生擅长制作哺乳动物标本,他采用日式技法,惯用"假体法",在标本结构的准确性、坚固性上有自己的特色。

1.2 生物标本类型

生物标本可分为两大类,即动物标本和植物标本。生物标本是将生物的整体或部分通过物理或化学手段保存起来,以长期保存动物的形态和结构特征。目前,动物标本按制作材料和方法的不同主要分为针插标本、琥珀标本、玻片标本、剥制标本、浸制标本、骨骼标本等。植物标本按制作方法的不同可分为腊叶标本、浸制标本以及叶脉标本等。

1.2.1 针插标本

将昆虫成虫用昆虫针扦插起来,装盒入柜保存,这种标本叫针插标本。对野外采集到的各种昆虫,应及时制作成标本,以便于科研、教学、生产等方面使用。制作时除了要保证虫类各部位形态的完整性外,还有美观和整洁的要求。对于昆虫来说,我们一般采用针插法制作标本。

1.2.2 琥珀标本

昆虫琥珀标本是近年来发展出来的一种标本制作新工艺,琥珀标本生动直观、携带方便。完整的昆虫琥珀标本不仅使我们更好地理解和掌握昆虫体的各个组成部分,还能激发人们对研究和学习的兴趣。昆虫琥珀标本的制作流程包括昆虫采集、软化、展翅、包埋、固化、脱模、打磨等环节。

1.2.3 玻片标本

对于个体微小的昆虫或虫卵,则适合制作玻片标本,以便于显微镜观察和研究。这种制备方法使得昆虫的微观结构清晰可见,有助于研究者深入了解昆虫的形态结构和分类特征。

1.2.4 剥制标本

剥制标本是将动物的皮肤与上面的毛发、羽毛、鳞片等附属物一同剥下,通过鞣制、填充和缝合制成具有完整外部形态的标本。根据不同的要求和标本材料的具体情况,剥制标本有三种类型:

(1) 真剥制标本:也称为生态标本或姿态标本。要求展示生活时的姿态,供陈列或展览之用。

(2) 假剥制标本:也称为教学标本或研究标本。按统一规格剥制,不装义眼,缝合后僵直平放,供动物分类学研究以及教学之用。

(3) 半剥制标本:对于少数珍稀且有破损的动物样品,往往剥制后无法填充,仅涂抹防腐剂即可,制成简易半剥制标本。此类标本可为科研提供珍贵材料。

1.2.5 浸制标本

浸制标本是通过把生物全体或解剖器官浸泡在防腐液中以达到长期保存的目的。改进的保色浸制标本可以清晰地反映出生物体的外观及内部结构,并能在很长时间内维持其原有的颜色。

1.2.6 骨骼标本

骨骼标本可分为普通动物骨骼标本和透明动物骨骼标本。普通动物骨骼标本是通过对骨组织进行解剖、腐蚀、脱脂、漂白、拼接等处理所制成的标本。透明骨骼标本制作时不需要分离肌组织,而是采用化学试剂将肌肉组织透明化,并用不同的染色剂如茜素红、阿利新蓝分别将硬骨和软骨原位染色,运用透明骨骼技术所制成的标本形态逼真、色彩艳丽,并且操作相对简便。

1.2.7 腊叶标本

腊叶标本或称压制标本,是植物学中最常见的标本类型,起源于16世纪后半期,对植物分类学的发展起到了重要的推动作用。腊叶标本的制作过程通常包括采集、压制、干燥等环节。最终,这些压制干燥后的植物材料被装订在白色硬纸或卡片上,形成了标本。腊叶标本在制作和保存时存在褪色现象,改进的植物原色标本压制技术解决了这一问题,植物原色标本的制备包括采集、保色和保存三个步骤,对于不同颜色的植物体,需要采用不同的保色方式才能达到理想效果。

1.2.8 叶脉标本

叶脉标本是专门采集植物叶片,通过碱液腐蚀法或者水浸法去除叶肉组织,再经过洗涤、漂白、染色、压干而成的标本。

第 2 章　昆虫针插标本制作

2.1　概　　述

昆虫纲是动物界中最大的一个纲,种类多、数量大。近年来,昆虫学、生态学、药理学等学科的飞速发展,进一步推动了昆虫资源的开发和利用。昆虫标本作为一类重要的生物资源,是动植物检疫、害虫控制等科研和教学不可缺少的资料。

昆虫针插标本是一种常见的标本制作方法,可以将昆虫保存起来,方便进行观察、研究和展示。昆虫针插标本具有多种用途:

1. 科普宣教

昆虫针插标本通常用于教育展示,使观察者能够清晰地观察昆虫的外部形态和特征。这对于学生熟悉昆虫的形态学、分类学和生态学等方面的知识非常有帮助。

2. 物种鉴定

科学家和研究人员经常使用昆虫针插标本来研究昆虫的形态、分类和生态习性。这些标本可以作为研究样本,用于观察和比较不同种类的昆虫,从而推动科学研究的进展。

3. 标本库建设

昆虫针插标本是一种保存昆虫样本的有效方法。它可以帮助保存昆虫的外部形态,并记录其相关信息,如采集日期、地点、生境等。这对于建立昆虫标本馆、构建昆虫数据库以及保护稀有物种都非常重要。

虽然昆虫针插标本有诸多优势,但也应该注意合理采集和使用昆虫标本,并遵循科学研究和自然保护的伦理准则。

2.2　昆虫针插标本采集

2.2.1　昆虫针插标本的采集工具

制作昆虫针插标本,要求昆虫样品形态完整、信息规范、分类准确,要想采集到虫体完整、种类繁多的昆虫样品,必须有合适且配套的采集工具。昆虫采集过程中用到的工具一般有以下几种:

1. 捕虫网

捕虫网包括捕网、扫网和水网。捕网主要用来捕捉鳞翅目、蜻蜓目、膜翅目、同翅目等昆虫。扫网主要捕捉鞘翅目、直翅目、半翅目等草丛昆虫。水网主要捕捉水生昆虫及昆虫幼虫。

2. 毒瓶

传统毒瓶的制作是用一宽口塑料瓶，底部放入适量的氰化钾或氰化钠，再放入 2~3 cm 的锯末压实，在锯末上放 1 cm 厚的熟石灰，熟石灰上放一张滤纸，然后用滴管向滤纸上滴水，让石灰层湿透慢慢凝固即可。改进型环保毒瓶可以采用乙酸乙酯作为麻醉剂，以玻璃杯作为容器，取代剧毒氰化物。使用毒瓶时应注意保持瓶内干燥，滤纸随时更换。

3. 三角袋

三角袋是用长方形的硫酸纸或普通纸折成。它主要用来保存鳞翅目、蜻蜓目昆虫的标本，依照虫体大小折成不同大小的纸袋。值得注意的是，在捕捉昆虫前捕捉者应该提前折好各种规格的三角袋(图 2.1)。

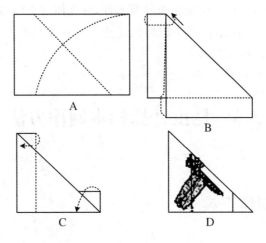

图 2.1　三角纸袋的折法(仿 Borror)

简易三角纸袋可按下面的介绍参照图 2.1 来折制和使用。取一长方形纸条，其长度大于宽度约 3 cm，按图 2.1A 所示虚线对折，然后将纸条下端沿图 2.1B 所示虚线向后折叠，再将该边的下角依图 2.1C 中箭头所示向前折叠。这样三角形纸袋就已折好，可供使用。在野外将捕得的昆虫放入纸袋后，将纸袋的上边(即纸条的另一端)仍沿图 2.1B 箭头所示向前折，再将上边的侧角沿图 2.1C 箭头所示向后折，最后再将纸袋的三个角折叠起来即可。这样折叠起来的纸袋就不会因袋内昆虫的挣扎而散开。

2.2.2　昆虫针插标本的采集方法

1. 网捕法

对于蝶类、蛾类和蜻蜓类等快速飞行的种类可以用捕网捕捉。一些体型小的不喜飞行的昆虫可以用扫网法在草丛中来回扫捕。捕捉到昆虫后，要及时将其取出，装入毒瓶中。取昆虫时，用手抓着网袋的中间部分，把虫子困在网的底部，然后将瓶子伸入网内扣取。对于蜇人的蜂类等昆虫，不能徒手抓取，要用镊子夹住虫体固定，然后把带虫的网底部装入毒瓶中,将昆虫熏死,然后再取出来。对蝶蛾类昆虫,应隔网用手轻捏其胸部,使其窒息,丧失飞行能力,避免由于昆虫的挣扎而损伤触角、鳞翅和附肢。

2. 诱杀法

采用陷阱的方法,在地上挖个坑,往坑里埋一个一次性杯子,然后在杯内倒入糖、醋、酒的混合物,用这些东西散发出来的气味把鞘翅目昆虫尤其是步甲虫引诱过来,让它们自己掉到陷阱里。过几天收陷阱,里边泡着的基本是甲虫。蛾类和金龟子成虫一般是在夜间活动,可以用黑光灯进行诱杀。

3. 灯诱法

利用昆虫的趋光性,在晚上拉开一张白色的幕布,悬挂一盏大功率白炽灯,利用强光吸引各种昆虫。

4. 震落法

对于一些高大树木上的昆虫,我们可以使用震落法进行捕捉。具体做法为:在树下铺上一块白色的布,摇晃或敲击枝叶,借助昆虫的假死性,使之掉落于白布上,便于采集。利用这种方法可以采集到鞘翅目、脉翅目和半翅目的昆虫。一些不具有假死习性的昆虫,在震动时,会因飞翔而露出破绽,可用网捕。

2.3 昆虫针插标本制作方法

2.3.1 标本制作工具

1. 昆虫针

昆虫针由不锈钢制成,通用的昆虫针有七种规格,即00、0、1、2、3、4、5号。长度均为39 mm,昆虫针型号越大针越粗(图2.2)。另外还有一种没有针帽且很细的短针,称之为微针,可用来制作微小型昆虫标本,把它插在小木块或小纸卡片上,故又名二重针。

除幼虫、蛹及小型个体以外,均可用昆虫针插起来装盒保存。插针时,应根据昆虫的大小,选择合适的昆虫针。蝶类常用2号或3号针;夜蛾类一般用3号针;天蛾类用4或5号针;盲蝽、叶蝉、小蛾类则用1或2号针。同时在制作昆虫针插标本时,我们还需要用到大头针进行展翅和整姿。

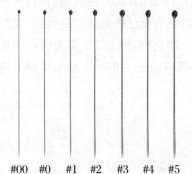

图 2.2 昆虫针

2. 展翅板

展翅板是一种用于展开昆虫翅膀的工具,主要用于鳞翅目、蜻蜓目昆虫,传统展翅板的主要构造包括中间的槽和两边的木板,槽底是一块整板,中间装有软木条,两边木板上铺有软木。近年来,在制作昆虫展翅标本时,多用2 cm厚的泡沫板,中间挖槽来代替展翅板,这样的简易展翅板在针插昆虫时方便操作和携带。

3. 三级台

使用三级台的目的是让昆虫标本和标签在昆虫针上保持一定高度，增加美感。三级台是用高 2.4 cm、长 7.5 cm、宽 3 cm 的木板分成三级，每级高度为 0.8 cm，中间各有一个小洞（图 2.3）。

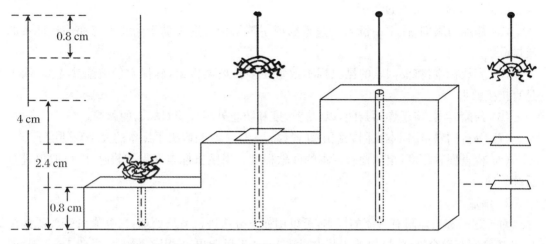

图 2.3　三级台（仿郑光美）

4. 整姿台

整姿台是用来整理鞘翅目昆虫标本的工具，以确保标本能够被有效地展示并保持正确的姿态。整姿台是由一块软而松的木板制成，尺寸为长 27.8 cm、宽 15.1 cm、厚 0.2 cm。现多用薄泡沫板代替。

5. 还软器

还软器是用来软化已干燥的昆虫标本的具盖磨口玻璃缸，在实验室可以用干燥器代替，目的是使昆虫标本重新具有柔软性，以便更容易进行修整和定型（图 2.4）。

图 2.4　还软器

2.3.2　制作流程

1. 回软

回软是指在昆虫标本经过一段时间的保存后，使用一定的方法使其重新变得柔软，以便

进行后续的处理和调整,基本步骤如下:

(1) 准备还软缸:使用一个干燥器作为还软缸。在中部的多孔玻璃板上放置要回软的昆虫标本。

(2) 缸底置细沙:在回软缸的底部放置洗涤干净的细沙。确保细沙覆盖整个底部,并加入足够的清水,使水面漫过沙面。

(3) 添加防腐剂:往水中滴入少量苯酚或甲醛溶液。这有助于防止生霉和保持标本的质量。

(5) 安放标本:将要回软的昆虫标本放置在多孔玻璃板上,确保它们被细沙支撑,而不是直接接触水。

(6) 封闭容器:将干燥器封闭,以保持湿度和防止外界环境对标本的影响。

(7) 等待回软:让标本在回软缸中静置数天。这个时间取决于标本的大小和硬度。

(8) 检查回软程度:定期检查标本的回软程度。当昆虫标本变得柔软时,即可取出进行后续处理。

2. 清洁

对于翅膀和虫体附有污渍的标本,可以用如下方法进行清洁处理:二甲苯和95%乙醇按4∶6比例配制混合液,将昆虫放入其中浸渍1~3天后取出,再用乙酸戊酯浸渍1~2天,即可达到虫体清洁目的。

3. 针插

(1) 直接针插:昆虫标本对于针插的位置有严格的要求:例如鳞翅目、膜翅目、蜻蜓目、双翅目等的昆虫,昆虫针应插在中胸背板中间略靠右的位置;蝗虫、螽斯等直翅目昆虫,为避免损伤其身体的中心线,故将昆虫针置于中胸背部后侧,背部中线的偏右侧;半翅目、同翅目昆虫,插在小盾片稍靠右侧,以避开胸腹部的喙和口器槽;鞘翅目昆虫,昆虫针应插在右鞘翅左上方,使昆虫针穿过胸部腹面的中足和后足之间(图2.5)。

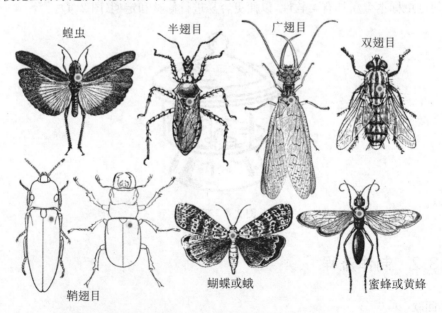

图2.5 各种昆虫的针插位置(仿郑光美)

(2) 二重针插：适用于微小昆虫制作针插标本。短针（二重针）的使用方法，是在一根长针上插上用硬白纸或透明胶片做成的长 7.65 mm、宽 1.8 mm 的小三角纸，再将短针刺在三角纸上（针尖向上），最后将昆虫标本插在短针上。

(3) 卡纸粘贴：适用于小型膜翅目昆虫制作针插标本。卡纸通常有两种：三角形和矩形（图 2.6）。具体操作如下：把特制的小三角纸插在昆虫针上，然后在尖端粘上透明胶液，将虫体的右侧面粘在上面；粘贴矩形纸卡时，将虫子的身体右侧边缘以 45°斜放在卡片上，胸部一侧与纸卡表面呈 45°夹角侧躺粘贴，使头部正面和胸部背面露出，前后翅都不能沾上胶水。待干燥后，用适当型号的昆虫针将卡片底部中心固定；将采集标签和鉴定标签固定在昆虫针下（图 2.7）。

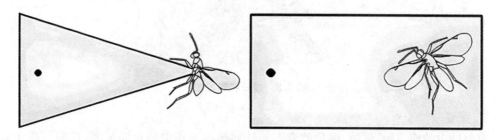

图 2.6　微小昆虫在三角纸卡（左）和矩形纸卡（右）上的粘贴位置（仿张辰）

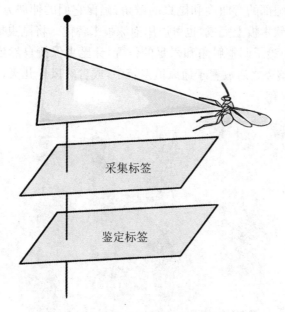

图 2.7　针插标本与标签相对位置（仿张辰）

4. 展翅

展翅主要针对蜻蜓目和鳞翅目昆虫，针插后还需展翅。展翅时，把已插针的标本插在展翅板槽底软木板上，使中间的空隙与虫体相适应，将左右前翅向前拉，使得左右前翅后缘与翅基部在一条直线上，后翅前缘压在前翅后缘下，左右对称，充分展平。最后用硫酸纸压住，经大头针固定后，放通风干燥处，等标本完全干燥后取下。展翅板也可以用泡沫板代替，把昆虫腹部置于开槽内，选择型号适当的昆虫针，从昆虫适宜针插部位正中垂直插入。用昆虫针轻轻挑起前翅的前缘,让前翅的后缘与昆虫身体大致垂直,前翅稍稍覆盖后翅,将硫酸纸压在翅膀上,用大头针将其固定住(图2.8)。在展翅的时候,注意不要用手去触摸鳞翅,以免鳞粉掉落。展翅之后的昆虫标本置于阴凉处,或在55℃下于干燥箱中进行干燥。

图2.8　蝴蝶展翅方法

5．整姿

调整昆虫的前后翅、附肢、触角的姿态是针插标本制作中的重要步骤,按照昆虫正常展翅的姿势进行调整;注意昆虫腿部的弯曲度,使其看起来自然而不生硬。可以使用细小的工具,如镊子,逐渐调整腿部的弯曲度和昆虫的触角,确保它们的伸展方向符合该种昆虫的特性。整姿可以在一块软木板上完成,也可以用泡沫板来替代。将昆虫插在整姿台上,使昆虫六足平伏在板上,用小镊子调整触角和六足的位置,让昆虫保持自然姿势,再以大头针交叉固定(图2.9)。昆虫整姿之后放置于通风恒温箱中,或自然风干几天,等昆虫标本定型后去除大头针,即可永久保存。

图2.9　鞘翅目昆虫整姿方法

6. 干燥和加签

在上述操作完成以后，下一步就可将昆虫针插标本放在安全通风处，让它干燥一段时间，这个阶段一般需用时1—2周，才能使昆虫标本完全干燥。将做好的昆虫标本整齐放入标本盒并附上采集标签和鉴定标签。

2.3.3 昆虫针插标本的保存

制作完成的标本要放入标本室统一保存管理。进入标本室前要进行防虫处理，要求在盒内放入樟脑球进行防虫。标本室每年最好在4—5月份虫体活动期前进行一次全面熏蒸。在7—8月份的雨季要防止标本发霉，勤通风，或用除湿机除湿，可在标本上滴二甲苯防除霉菌。

第3章 昆虫琥珀标本制作

3.1 概 述

　　天然琥珀形成始于数千万年前,松柏科植物受热或受伤而分泌出树脂,这些树脂在滴落的过程中包裹昆虫、树叶和泥沙等,形成了一个小型的松脂聚合体。松脂聚合体滴落在地上,随着地壳运动而被深深埋在地下,并随着气温和压力的变化而开始发生石化作用,树脂的成分和结构都在这一阶段产生了明显的改变。石化后的树脂重新在大自然的作用下受到冲刷、搬运、沉积并发生成岩作用,最终形成了我们今天看到的琥珀。但是值得注意的是,并不是所有松脂聚合体最终都能变成琥珀,只有一小部分埋藏条件适宜且埋藏时间超过 2500 万年的树脂才有可能转变为琥珀。因此,天然琥珀的形成是非常困难的。
　　环氧树脂 AB 胶又被称为"水晶滴胶",是一种由环氧树脂和固化剂组成的双组分高分子材料,具有安全环保、透明度高、性质稳定等明显优点。采用环氧树脂制成的昆虫人工琥珀标本由于透明度和硬度高、保存时间长、造型美观而受到欢迎。

3.2 昆虫琥珀标本制作流程

3.2.1 昆虫选择

1. 小型昆虫
（1）用料少:由于小型昆虫体积较小,所需的包埋材料相对较少,而且聚合（化学硬化）过程较为迅速。
（2）包埋延续期短:小型昆虫的包埋期相对短,使得整个制备过程更加方便和迅速。
（3）易操作:由于体型小,操作相对容易。

2. 中型昆虫
中型昆虫包埋程序按规则执行。

3. 大型昆虫
（1）模具体积大:大型昆虫需要更大的包埋模具,以适应它们较大的体积。
（2）用料多:由于大型昆虫的体积较大,所需的包埋材料相对较多。

(3) 包埋延续期长：包埋的硬化时间可能相对较长，因为大体积需要更多时间来确保包埋材料充分固化。

(4) 难度大：制备大型昆虫标本的难度相对较大，在制作标本过程中需要注意更多的细节，以防止意外发生，如爆聚（材料爆炸）或爆裂（昆虫组织破裂）。

3.2.2　材料准备

AB胶、一次性纸杯、玻璃棒、电子秤、油性颜料、水浴锅、吹风机、昆虫针、大头针、整姿台等。

3.2.3　制作流程

1. 选择模具

根据材料的大小，应选择内表面光滑、模具柔软、脱模方便的适当硅胶模具，以满足各种标本制作需要。

2. AB胶的配制

按照A胶：B胶＝3：1的质量配比。取干净的一次性纸杯两个，将一纸杯放置在电子秤上进行去皮处理，用玻璃棒引流将A胶倒入杯中，动作轻柔且时刻注视质量指数，达到预定质量即停止引流；B胶称取操作同上。将纸杯中的B胶倒入盛有A胶的纸杯中，如有残留，可用玻璃棒沿着杯壁将附着其上的液体刮干净。此时盛有AB胶的杯中可看出有两层液体，A胶密度较大位于下层，B胶位于上层。用玻璃棒沿着一个方向顺时针或逆时针缓慢搅拌，防止产生气泡，直至看不到丝状物为止。

3. 倒模

接下来进入倒模阶段，以制作虫珀为例，先在小型模具中倒入模具容积一半的胶水，胶水呈半凝固状态后（2～3 h），将制作好的昆虫标本压置其中并摆好昆虫姿势，再倒入另一半胶水淹没虫体。在随后的2～3 h内，需检查虫体是否产生气泡，若产生需及时用昆虫针挑破。夏天胶体一般1～2天完全凝固，冬天2～3天凝固。若采用实验室标本盒中放置已久的动物标本，由于时间放置过长，昆虫身体内部非骨质器官早已消失，放入包埋材料中时动物体内储存气体过多，往往不能一次性排空，在第二次倒胶的时候剩余气体继续溢出从而形成气泡。因此可分三次进行包埋，第一次倒胶将昆虫标本放入，第二次倒胶只需将昆虫整个身体浸没即可，待气泡出现后挑破再第三次倒胶。

4. 脱模与打磨抛光

待模具中胶水完全凝固后取出，由于树脂存在收缩率，模具表面不光滑，导致琥珀边沿可能存在棱角，可用打磨棒初步磨平，再用抛光条进行抛光。

3.3 琥珀标本制作中的常见问题

3.3.1 模具大小不一、厚度不匀

模具的选择很重要,模具过大,环氧树脂 AB 胶用量会较多;若模具过小,则无法容纳虫体。

3.3.2 标本材料不净、分层明显

要确保标本用材的干净清洁,否则成品标本内会有毛絮或其他杂污;在完全固化前,不能用手或其他物件碰触,不然会有局部的污痕。分层灌注法,由于固化温度、时间差异,可能导致成品分层边界明确,影响标本整体外观。

3.3.3 浇筑厚度不一、滴胶发黄

浇筑 AB 胶时,要注意只浇筑薄薄的一层,使标本表面能够完全盖上即可,如此不仅可以保证成品标本充分固化,而且可以缩短固化时间。滴胶属于高分子产品,光线会加速降解,时间一长就会发黄。

3.3.4 AB 胶比例配制不当

环氧树脂 AB 胶混合时要严格控制二者的质量比为 A 胶∶B 胶 = 3∶1,如果比例不当,会影响胶体的固化速度。

3.3.5 虫体完整度受损

昆虫的触角、附肢和翅膀在操作过程中极易受损,影响标本完整性。

3.4 琥珀标本制作改进与探索

在大量实验的基础上,对琥珀标本制作方法做了细致的总结,对操作中容易遇到的问题的解决方案分述如下:

3.4.1　消除滴胶气泡方法

气泡产生可能有三个原因：一是包埋材料有空腔或干燥不彻底；二是滴胶搅拌速度过快；三是周围温度过高，滴胶固化快，从而导致气泡不易上浮破灭。对于气泡问题，可以将搅拌好的滴胶放入真空抽滤机中，抽滤 5~10 min 后，若无气泡即可进行下一步；若有气泡可继续多次抽滤直至无气泡再进行下一步。

3.4.2　标本分层改进方法

标本制作过程中，如果一次性灌注，滴胶材料容易漂浮，导致不能完全包埋或不在模具中心，故常采用分层灌注法，但由于固化温度和时间的差异，可能导致成品分层边界明确，影响滴胶标本整体外观。为避免标本分层问题，控制两次注胶间隔时间可减弱分界线痕迹。

3.4.3　加速树脂固化方法

树脂固化与环境温度有关。温度越高，固化越快。第一种方法可以通过水浴加热来升高温度以促进加速固化。但温度不应该太高，以防止胶体倒入模具前迅速固化或倒入模具中烧焦标本。第二种方法是增加 B 胶比重，加速凝固，但不应太多，防止成型的琥珀变脆。

3.4.4　滴胶黄变改进方法

滴胶标本在后期长期保存后不可避免地会变黄，这可能与标本储存条件和滴胶质量有关。标本应储存在阴凉干燥处，避免紫外线直接照射，以延缓发黄速度。另外，不同厂家的滴胶质量也不一样，应选择质量好的品牌。也可以添加不同的颜料进行染色，即使成品标本发黄也能被其他颜色覆盖。

3.4.5　固化环节适宜温度

根据实践经验总结，夏天室温较高，所以在配置过程中 A 胶最多 90 g，B 胶 30 g；冬天则可适量增加到 A 胶 120 g，B 胶 40 g，超过质量的配制会导致胶体在配置过程中急速放热固化。制作团队进行的温度梯度试验表明，环氧树脂 AB 胶混合后气泡最少的最适操作温度是 25 ℃。不同温度下水晶滴胶固化情况比较见表 3.1。

表 3.1　不同温度下水晶滴胶固化情况比较

温度(℃)	固化所需时间(h)	可操作时间(min)	透明度	消泡性
15	23	25	+++	+++
20	18	30	+++++	++++
25	16	30	+++++	+++++

续表

温度(℃)	固化所需时间(h)	可操作时间(min)	透明度	消泡性
30	12	25	++++	+++++
40	6	25	++++	++++
50	2	15	+++	+++

3.4.6 虫体针对性处理以保持完整度

不同的昆虫有着自己独有的特点,这就需要不同的操作技术,分类群简介如下:

1. 鞘翅目昆虫

成虫体被坚硬的外骨骼,前翅为角质的鞘翅,覆盖了后翅及体后部,这使得包埋过程较为方便,而且鞘翅目昆虫附肢、触角粗短,减少了在包埋过程中的操作复杂性,同时有助于保持标本的完整性,使其成为适宜包埋的一大昆虫类群。

2. 直翅目(如蝗虫)、半翅目(如蝽)和网翅目(如螳螂)昆虫

在包埋这些类群昆虫时,需要注意如下细节:

(1) 较长的附肢:蝗虫和螳螂的足较长,因此在包埋过程中要特别注意防止足部的移动和折断。

(2) 造型后增加高度:如果蝗虫在包埋前已有一定的造型,需要考虑这个造型对标本高度的影响。

(3) 纤细的触角:螳螂和螽斯的触角较为纤细,需要在整个包埋过程中特别注意,以避免触角折断。

3. 蜻蜓目昆虫

成虫具两对膜质、透明、等大的翅,是其关键特征。包埋时,如果加料时间不得当,可能会引起翅膀被撕裂的问题。这样一来,昆虫个体的完整性就会受到损害。

4. 鳞翅目昆虫

鳞翅目昆虫包括蛾类和蝶类,其成虫的翅膀是膜质的,而翅上覆盖着由不同色泽鳞片组成的各种花纹。这些色彩和花纹对于昆虫的分类和识别至关重要。在包埋的过程中,保护这些鳞片的色泽就成为重要的关注点。包埋原料中的单体溶化可能会导致鳞片褪色,使具备分类特征的花纹失真,从而丧失分类的作用。

为了解决这些问题,可以在包埋前增加一层防鳞片溶化的保护膜。这种保护膜可以使用高分子有机材料,先将这种有机膜覆盖在蝶、蛾的身体和翅膀上,然后再进行包埋。

第 4 章 无脊椎动物玻片标本制作

4.1 概　　述

无脊椎动物包括原生动物如草履虫、腔肠动物如水螅、扁形动物如涡虫、浮游动物如轮虫、桡足类、枝角类以及节肢动物昆虫类等，往往个体微小，难以直接观察，可以将这些动物的整个个体或部分器官制成玻片标本，利用显微镜观察和研究其细微结构特征。

生物组织制片的制作方法很多，但总的来说可以归纳为两大类：非切片法和切片法。

非切片法：是将小型动植物或较大动植物的一部分或其组织不用刀切成薄片而制成玻片标本的方法。优点是组织的各个部分不被切断，保持原有的形态，制作方法比较简单。缺点是标本被挤压时会使某些结构的正常位置关系有所变动。这是不用切片机、不经切片手续而制成切片的方法。非切片法包括整体装片、离析材料装片、涂片、压片、铺片、撕片、磨片等。

切片法：是必须依靠切片机将组织切成薄片的方法。在切成薄片以前必须设法使组织内渗入某些支持物质，让组织保持一定的硬度，然后使用切片机进行切片。根据所用支持剂的种类不同，可分为石蜡切片法、冰冻切片法等类型。

1. 石蜡切片法

石蜡切片法是组织学常规制片技术中广泛应用的方法。石蜡切片法不仅可用于观察正常细胞组织的形态结构，也是病理学和法医学等学科用以研究、观察及判断细胞组织的形态变化的主要方法，已相当广泛地用于其他许多学科领域的研究中。教学中，光镜下观察的切片标本多数是石蜡切片法制备的。活的细胞或组织多为无色透明，各种组织间和细胞内各种结构之间均缺乏反差，在一般光镜下不易清楚区别出；组织离开机体后很快就会死亡和产生组织腐败，失去原有正常结构，因此，组织要经固定、石蜡包埋、切片及染色等步骤以免细胞组织死亡，而能清晰辨认其形态结构。

2. 冰冻切片法

冰冻切片法是指将组织在冷冻状态下直接用切片机切片的方法。冰冻切片法的优点是简便，组织可不经过任何化学药品处理或加热过程，大幅缩短了制片时间，10 min 左右即能制成切片。常用于临床病理手术诊断，因材料不经处理就可直接进行切片，组织没有显著的收缩，细胞形态不致有很大的改变，也因冰冻切片不需有机溶剂的处理，所以能保存脂肪、类脂等成分，冰冻切片常用于组织化学、组织学、临床病理学等方面的研究。

4.2 无脊椎动物采集

4.2.1 草履虫的采集

草履虫通常在有机物丰富且阳光充足的水体中集聚。水温较高的情况下,可以在池塘、水沟等拥有较多腐草烂叶的地方采集草履虫。

(1)直接采集法:用清洁的小广口瓶或试管沿着草履虫集聚的水面进行池水采集,然后对着光源进行器具观察,确认水中是否存在游动的小白点。

(2)聚氨酯泡沫富集法:是指在池塘、水沟等野外场地的水下进行聚氨酯泡沫塑料的浸泡。在水下 3~5 cm 的位置进行塑料浸泡,时间约为 30 min,然后将泡沫塑料中的水挤入培养皿中,就能完成草履虫采集。

4.2.2 水螅的采集

水螅在水流较缓、水草丰富的清水中常可采到,城市公园湖泊受农药污染和工业污染较小,也是采集水螅的较为理想的水体;郊区一些池塘或小河流中,也能采集到水螅。采集时取水草或水体中的落叶用肉眼观察,当发现其上有白色或略呈褐色的小米粒状肉质物后,即可能为离水收缩的水螅体,将水草或落叶放入盛满水的烧杯中,若发现有触手张开,可用吸管推吸,放入烧杯中带回;亦可采集较多的水草带回,放入事先已加入较多的曝气自来水的玻璃缸中,1~3 天后可发现玻璃缸壁上附着有水螅。

4.2.3 涡虫的采集

一般情况下涡虫多生活在清澈的、不受污染的水域中,如溪流、山泉、池塘、湖泊等,以水流缓慢的溪间居多,翻开石块,其上会找到很多涡虫。另外,涡虫也喜被生活污水污染的富含螺类和蚊子幼虫的水体。采集涡虫时,可用毛笔蘸水刷下带回;也可收集较多的水草放入塑料桶中,加入湖水,大幅度搅动后弃去水草,将桶内水带回摇匀后倒入较大的白色瓷盘中,静置 12~24 h 后,在瓷盘壁上很容易发现较多的涡虫。

4.2.4 轮虫、枝角类的采集

轮虫是一类小型的原腔动物,枝角类(通称水溞)是一类较小的甲壳动物。两者皆广泛分布在池塘、湖泊和江河等水体中。轮虫和枝角类的密度与水温、水体类型和营养水平密切相关。一般而言,水温较高,它们的密度一般也较高;江河中的密度较低,而湖泊和水库等静水中密度较高;在水草较少的水体中,枝角类的密度却较低;营养水平很高的水体中,轮虫和枝角类的密度较高,而种类一般较少。采集时,选择水温较高的季节和略呈绿色、水草较多的水体,用浮游生物网(孔径为 64 μm)在湖泊、池塘或水库中大范围拖拉即可获得较高密度的轮虫和枝角类。

4.2.5　昆虫的采集

具体内容见第 2 章。

4.3　无脊椎动物玻片标本制作方法

4.3.1　永久玻片标本的制作

玻片标本制作的基本步骤包括:玻片的清洗、杀死与固定、软化处理、清理内含物、洗涤、脱水、透明、封片和干燥,也可以根据需要选择是否染色,详细内容如下:

1. 玻片的清洗

洗涤过程:将载玻片和盖玻片浸泡在 5%洗衣粉溶液中 1 天,这个步骤的目的是去除玻片表面的污垢、油脂和其他杂质。洗衣粉溶液是一种表面活性剂,有助于去除污垢。然后将玻片从洗衣粉溶液中取出,用清水逐张冲洗,以确保完全清除洗衣粉残留。

酸处理过程:用 100%盐酸浸泡 4~5 h,这一步骤的目的是对玻片进行酸处理,去除可能存在的碱性或钙质物质,使得玻片更容易吸收染色剂。随后将玻片从盐酸中取出后,逐张用清水冲洗,以确保完全清除盐酸残留。

醇浸泡过程:放入 100%酒精液中浸泡待用,该步骤的目的是使用酒精进行脱水处理。酒精有助于逐步将水分从玻片中去除,使得玻片逐渐干燥。

以上步骤旨在准备清洁的、无杂质的载玻片和盖玻片,以便进行后续的昆虫标本制作步骤。注意,盐酸是强酸,使用时需注意安全,避免直接接触皮肤和呼吸蒸气。

2. 杀死与固定

微小昆虫、昆虫的器官结构,一旦被分离或直接取材后,应立刻将其用固定液进行杀灭和固定。常见的固定液有:

70%~75%的酒精液:这是常用的固定液,用于将组织细胞杀死并固定样本。酒精浓度在 70%~75%之间,既具有良好的固定效果,又有足够的渗透力。

甘油添加的酒精液:在酒精液中加入甘油,形成 1%的浓度的混合液体,可以用于保存标本。这种混合液体有助于长期保存,同时避免标本的干燥和变形。

4%浓度的福尔马林(formalin):该固定液的配方为甲醛(40%)10 mL 和蒸馏水 90 mL,福尔马林是一种强力的固定剂,对细胞和组织有很好的渗透力,可以有效地保持样本的形态结构。这种固定液经常用于生物学研究和组织学研究中。但需要注意,福尔马林可能对健康有害,使用时需谨慎。

布勒氏(Bless)固定液:这是另一种固定液,该固定液的配方为甲醛(40%)7 mL、冰醋酸 3 mL 和 70%酒精 90 mL。这种固定液也用于保持细胞和组织的完整性,同时在组织学上提供一定的染色效果。布勒氏固定液在某些特定的研究和实验中可能更为适用。

3. 干制标本的软化处理

在昆虫标本制作中的软化步骤是很关键的,特别是考虑到昆虫体壁的骨化和硬挺性。这一步骤有助于使昆虫在整理、展翅等后续步骤中更加柔软易处理。干制昆虫标本在保存过程中会变得脆硬,因此需要进行回软处理。这可以通过放置在潮湿的环境中,或者使用适当的软化剂来实现。软化剂的选择和处理时间可能会因昆虫的种类而异。将回软后的昆虫浸泡在 10%的 NaOH 溶液中,这有助于去除内含物,同时保留几丁质的外骨骼。这一步骤通常需要小心控制,以避免过度软化。在 NaOH 溶液中加入少量 84 消毒液,旨在防止霉菌的污染。这样做是为了确保标本在处理过程中不受霉菌的影响,尤其是在湿度较大的环境中。

不同类型的昆虫可能需要不同的处理时间和温度。处理时间过长可能导致虫体过于软化,而处理时间过短则可能无法清除干净内部物质。具体的处理条件可能需要根据昆虫的种类和大小进行调整。昆虫在器官结构和体型上存在差异,因此在制作昆虫标本时,需要根据具体情况调整处理时间和方法,以确保最佳的标本质量。

4. 清理内含物

清除内含物是为了提高昆虫标本的透明度,对于一些需要进行显微镜观察或详细解剖的昆虫标本,可以更清晰地展示虫体表面和内部结构。清除内含物的过程包括挤出内脏、清理肌肉等组织,以确保标本内部完全清晰。透明度的提高有助于更好地观察昆虫的形态结构、器官布局等细节,对于昆虫学研究和教学都具有重要意义。

5. 洗涤

在昆虫标本制作中,经过软化处理后可能残留的 NaOH 溶液可能与中性树胶发生反应,导致在玻片表面生成白雾,从而影响观察。洗涤的步骤是非常重要的,以确保将残留的处理剂洗净,避免对最终标本的质量和观察产生负面影响。以下是一些额外的注意事项:

漂洗次数:漂洗过程中使用蒸馏水冲洗 2~3 次是合适的,以确保将残留的 NaOH 溶液充分去除。适当的漂洗次数有助于降低可能导致白雾的化学物质浓度。

稳定标本:尽量在漂洗时使标本保持相对稳定,减少标本的移动。频繁移动标本可能会导致标本破损或者在玻片上留下痕迹,影响观察。

使用蒸馏水:使用蒸馏水而非自来水进行漂洗,以确保水质的纯净性。自来水中可能含有各种杂质,而蒸馏水则能够减少这些杂质对标本的影响。

洗涤步骤有助于提高昆虫标本的透明度,确保最终制作出的标本表面清晰,适合观察。操作时需小心谨慎,确保整个制作过程能够维持标本的完整性和高质量。

6. 脱水

脱水步骤对于昆虫标本的制作至关重要,尤其是在使用中性树胶和二甲苯封片的情况下。使用乙醇梯度进行脱水是一种常见的方法,因为它可以逐渐去除水分而避免过快的脱水引起标本的变形。梯度设置(50%、60%、70%、75%、80%、85%、90%、95%、100%)是比较常见和合理的选择。其中控制脱水速度是关键,以确保标本在脱水过程中不会因为收缩变形。过快的脱水可能导致标本结构的破坏,而慢慢的脱水则更有助于保持标本的形状和结构完整性。标本经过无水乙醇脱水后变得硬脆,容易断裂,因此确保在脱水后及时制片是很关键的,这可以防止标本的不完整和破损。如果不能及时制片,将标本保存在75%乙醇中是个明智的选择。这有助于保持标本的柔韧性,使其在需要时更易处理。

7. 透明

使用透明剂可以使材料清晰、层次分明、具有最佳的折射率。在制作昆虫标本之前,通常需要对材料进行脱水处理,以去除水分。软化处理旨在使材料更适于透明处理。如果软化处理后,材料的透明度良好,透明处理的时间就不需要很长;否则,透明处理的时间可以延长。常用的透明剂包括二甲苯、香柏油和冬青油。

透明剂的选择:

(1) 二甲苯:透明能力强,适用于透明度高的材料,处理时间较短,但不适用于翅透明柔软的昆虫。

(2) 香柏油:溶于醇,透明速度慢,但不会使材料发硬变脆,适用于酒精脱水后的材料。

(3) 冬青油:无色油样液体,透明速度较慢,适用于具翅小昆虫,材料可停留时间较长。

注意事项:

(1) 对于软化处理后透明度高的材料,二甲苯处理时间较短,只是起过渡作用。

(2) 二甲苯在北方大风干燥的天气中,由于挥发性强,可能导致材料收缩变形。

(3) 冬青油透明速度较慢,但材料可以在其中停留时间较长,不易受损。

8. 封片

中性树胶因透明度高、不腐蚀玻璃、不易霉变,成为显微技术上常用的优良封藏剂。在封片时滴加2~3滴中性树胶到标本上,中性树胶的用量应当充足,以填满盖玻片为度。在盖玻片时,先让盖玻片的一端接触载玻片,然后轻轻盖上盖玻片,确保两者紧密贴合,随后使用镊子柄轻轻挤压,以确保中性树胶均匀分布且不易产生气泡。静置通风几小时后可用棉球粘润二甲苯或松节油将边缘多余的中性树胶擦洗干净,确保整个标本表面光滑。如果在操作过程中产生气泡,可以将玻片在酒精灯上适当烘烤,这有助于气泡的排除;又或者使用烧热的解剖针轻轻烫掉气泡,确保标本表面平整。

9. 干燥

将事先写好的标签贴于载玻片上,标签上可能包含有关标本的信息,如物种、采集地点、日期等。然后将玻片放入烘箱中,并将温度调至45℃,保持温度恒定,此过程需要持续保存2~3天。烘箱中的温度作用有助于排除制作玻片时可能产生的少量气泡。这有助于提高玻片标本的质量,确保标本表面平整。烘箱中的温度还有助于使玻片内的中性树胶更为融合,增加标本的透明度和观察效果。完成上述步骤后,取出玻片标本,此时它已经成为永久性的玻片标本。这意味着标本已经处理完毕,可以长期保存,适用于科研、教学和展览等。

4.3.2 临时玻片标本的制作

制作临时玻片标本的目的是进行较快的镜检,即现做现用。这种标本通常不需要经过脱水处理。

1．封固液的配方

阿拉伯树胶 15 g、甘油 10 mL、水含氯醛 100 g、蒸馏水 25 mL。

2．制作临时玻片标本的步骤

(1) 在洁净的载玻片中央滴加一滴胶液,然后用吸管吸取保存液中的标本至滤纸上,再用蘸有胶液的解剖针,从滤纸上粘取标本至胶滴中,盖上盖玻片。

(2) 加热处理:将制作好的玻片标本放在酒精灯上加热至沸腾。这一步有助于固定标本和胶液,使其更为稳定。

(3) 烘箱烘烤:制作好的玻片标本放入 40~50 ℃ 的烘箱中烘烤 3—5 周。这有助于胶固化,使标本更为持久。

(4) 贴标签:完成以上步骤后,在标本上贴上标签以标明相关信息。

这个方法适用于需要快速处理的情况,通过水溶性封固液制作的临时玻片标本可以在较短时间内完成并进行镜检。

第 5 章 两栖爬行动物剥制标本制作

5.1 概 述

动物剥制标本是通过剥制法做成的标本,其制作过程是将动物的皮连同皮外的覆盖物一同从躯体上剥离下来,再根据动物的外形进行支撑、填充和缝制,从而制成标本。动物剥制标本广泛应用于自然博物馆、生物标本馆及科普宣教馆中。目前,动物剥制标本尤其是宠物剥制标本本身蕴含着无可替代的科学价值、观赏价值及收藏价值,带给人们知识的同时也带来艺术享受。随着科技的不断发展,越来越多的野生动物将像家禽、家畜一样被人工驯养繁育,在合理的范围内利用人工饲养的动物制作标本是合法和可接受的,与动物保护并不发生矛盾。

目前,动物标本剥制技术主要应用于鸟类和兽类标本制作领域。由于工艺繁琐、技术上有诸多障碍,目前剥制法在两栖爬行动物标本制作领域的应用还较为局限,相关文献报道也较为少见,并且现有文献主要是针对两栖爬行类中某一种动物的剥制标本制作过程的介绍,缺乏对两栖爬行动物主要类群剥制标本制作方法的系统性、全面性的总结。

鉴于此,本章对两栖爬行动物主要代表性类群的剥制标本制作方法进行了总结,并对两栖爬行动物剥制标本制作过程中遇到的问题提出了针对性的解决方案,以期为今后更广泛地开展两栖爬行动物剥制标本制作工作提供切实可行的技术资料。

5.2 两栖爬行动物剥制标本采集

5.2.1 样品选择

选取的各类群代表动物:两栖纲包括蚓螈目、有尾目、无尾目。有尾目,以天堂寨野外实习采集的东方蝾螈为例。无尾目,以人工养殖的牛蛙为例。蚓螈目野生资源稀少,从物种保护的角度考虑,不适于制作标本。

爬行纲主要包括鳄目、龟鳖目、蛇目、蜥蜴目、蚓蜥目。鳄目,以林业局查获后送来的泰国鳄(救护无效死亡)为例。龟鳖目,以巴西红耳龟为例。蛇目,以王锦蛇为例。蜥蜴目和鳄目的外形结构相似,蜥蜴目的剥制方法可以参考鳄目的剥制。蚓蜥目因体积较小,剥制比较困难,不适于制作剥制标本,建议制成浸制标本。

5.2.2 标本鉴别

标本分类鉴别依据《中国动物志(两栖纲)》《中国动物志(爬行纲)》。

5.2.3 身体指标的测量和记录

测量前需在两栖爬行类标本测量表格中注明物种名称、采集日期、采集地点、雌雄、眼睛虹膜颜色等内容。

两栖纲有尾目(以东方蝾螈为例)测量指标:全长、头长、头宽、吻长、眼径、尾长、尾高、尾宽、体重等(图5.1)。

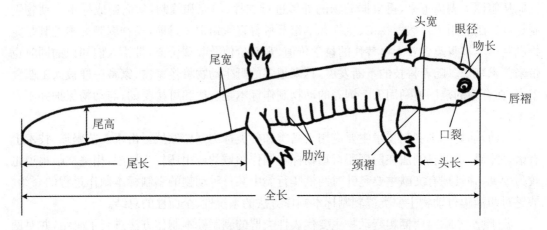

图 5.1 有尾两栖类身体指标示意图(自陈壁辉)

两栖纲无尾目(以牛蛙为例)测量指标:体长、头长、头宽、吻长、眼径、前臂及手长、鼓膜、后肢长、胫长、体重等(图5.2)。

爬行纲蜥蜴目、鳄目(以泰国鳄为例)测量指标:全长、头长、头宽、躯干长、尾长、尾宽、前肢长、后肢长、眼间距、体重等。

爬行纲龟鳖目(以巴西红耳龟为例)测量指标:全长、头长、头体长、头宽、吻长、眼径、眼间距、尾长、尾高、尾宽、躯干长、前肢长、后肢长、腋至胯距、背甲长、背甲宽、腹甲长、腹甲宽、头宽、尾长、体重等。

爬行纲蛇目(以王锦蛇为例)测量指标:头体长、尾长、背鳞、腹鳞、肛鳞、尾下鳞、上唇鳞、下唇鳞、颊鳞、眶前鳞、眶后鳞、颞鳞、体重等。

动物身体指标测量数据是标本制作过程中填充、整形时的重要参考,同时这些珍贵的、第一手的两栖爬行类身体指标数据的积累可以为今后动物分类学和动物形态学研究提供重要参考依据。

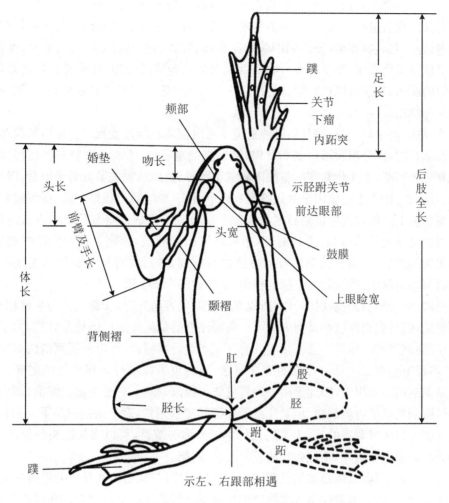

图 5.2 无尾两栖类身体指标示意图（自陈壁辉）

5.3 两栖爬行动物剥制标本制作方法

5.3.1 制作流程

1. 皮肤剥离

东方蝾螈：从冰箱取出冷冻的东方蝾螈进行解冻，由腹部剪一适中小口，长度不要大于前肢与后肢的距离，随后往开口两侧剥离皮肤，剥制后肢时可将后肢往腹部挤压，以便腿部肌肉暴露出来，再将后肢皮肤与肌肉进行分离，剥至东方蝾螈的跗骨时，在胫腓骨与跗骨交界处剪断，注意不要往跗骨处剪太多，否则会将东方蝾螈趾间的皮肤剪烂，造成无法修补的后果。然后对其尾部的皮肤进行剥离，尾部可采用翻剖的形式，尽可能往尾部深处剥离，将其肌肉与骨头全部剥离出来（该部位皮肤与肌肉联结较紧密，较难剖离），剖离完成后，将东方蝾螈背部的皮肤进行分离，这时东方蝾螈后肢部分已经整体被剥离。接下来是对其前肢进行剥离，方法与后肢相似，处理完四肢后往头部剥离，剖至脑髓处时将其剪断，保留头骨，由于头部残留肌肉较多，要求制作者将头部剩余的肌肉剔除干净，提前进行防腐处理，对于较难剔除的肌肉，后续可以进行脱脂处理。头部肌肉处理完成后将其眼睛剔除，用脱脂棉将其脑髓全部粘出。

牛蛙：取新鲜牛蛙一只，往其口腔注射适量乙醚使其麻醉过度死亡。然后从腹部开一小口进行解剖，往两侧分离腹部皮肤和肌肉，随后先剖至后肢，不能像剥制其他动物标本一样直接将其骨头剪断，要先将其皮肤与肌肉剥离至跗骨，然后从髋关节处剪断股骨，股骨保留，将股骨、胫腓骨、跗骨上的肌肉全部剔除至只剩下骨头，牛蛙肌肉很好去除，保留腿骨可方便整形。剩余关节处的肌肉可以通过脱脂去除。后肢剔除完成后将肛门处的皮肤进行分离，此部位因连接泄殖腔，要耐心进行解剖，不可将肛门处剪破，否则会影响牛蛙的整体美观。肛门处肌肉剖离后，将前肢按照后肢的方法进行解剖，然后在脊柱与头骨的连接处将其剪断。最后将眼睛剔除，用脱脂棉将脑髓粘出，从口腔将舌头去除。

泰国鳄：因为鳄鱼的皮肤比较厚，所以在解剖时较容易处理，步骤大致与牛蛙相同，都是采用胸剖法，随后剥离四肢将其剪断即可。需要注意的是鳄鱼的尾巴较难处理，为了更好地保证后期的整形效果，尽量不要直接将其剪开剥离然后再缝合，可以采用翻剖法对其进行剥离，这样不仅不会有二次开口带来的缝合问题，同时也可以很好地保留鳄鱼尾部的基本形态。但是翻剖的难度很大，因此要耐心地将皮肤与肌肉剔除。对于头部的解剖，如果可以将其头部骨骼剖离就尽可能剖离，但是注意不要把其皮肤划烂，剖至最后只留下一层皮囊；若头骨与皮肤连接太过紧密的话，为了鳄鱼标本的整体美观性，可以直接把头骨保留，将头部肌肉、脑髓、眼睛全部剔除，不能去除的及时脱水、脱脂。

巴西红耳龟：提前从冰箱取出巴西红耳龟进行解冻，先从巴西红耳龟的甲桥中央用钢锯锯出一条纵向的浅沟，沿着这条浅沟将背甲与腹甲之间的皮肤全部剪开。在四肢部位，要求留在背甲与腹甲的皮肤大致相同；而在头部与尾部，皮肤的保留程度与四肢略有差异，即剪开的皮肤要尽可能留在腹甲，背甲也要保留适量的皮肤，否则后期缝合困难。然后沿着锯开的浅沟将两侧甲桥全部锯开，打开龟壳，剪断四肢以及头部与尾部的骨骼，注意不要剪破皮肤，将其全部留在腹甲。接着打开背甲与腹甲，将附着于腹甲的内脏全部去除，将四肢、头部和尾部的肌肉同样全部剔除，对于体型较大的巴西红耳龟，前肢尺桡骨处的肌肉较难去除，这时可先用次氯酸钠饱和溶液和75%酒精对其进行处理，再将防腐剂捣入肌肉中。最后将其脑髓、眼睛全部剔除。

王锦蛇：从冰箱取出冷冻的王锦蛇进行解冻，解冻后将蛇平放在操作台上，找到蛇体最粗的部位，从腹部剪开一个适中的小口，然后往两侧进行剥离，直到剖口处的这一小段躯干与皮肤全部分离后，将其剪断，再往头部进行翻剖，注意翻剖时不能将开口扩大，否则会影响蛇体缝合和整形的效果。剖至头部时，由于头部皮肤与头骨连接比较紧密，不宜剥离，可以将其保留，头部方骨周围附着的肌肉较多，需尽可能地去除干净，然后将脑髓和眼睛全部处理干净。前半部分剥离完成后，进行蛇体的后半部分剥离，翻剖至肛门后时剥离的难度会明显加大，这时需要更加耐心地进行解剖，直至将尾椎上的肌肉与皮肤剖离，若遇到还剩一小段尾部肌肉实在去除不掉的情况，建议用次氯酸钠饱和溶液与75%酒精先对其处理，再将防腐剂捣入肌肉内部达到防腐效果。

2. 防腐处理

首先检查剥离的皮肤内表面有没有多余的脂肪或肌肉,如果难以去除干净,则需要用次氯酸钠饱和溶液对其进行溶解,再用清水冲洗干净以彻底脱脂。然后用脱脂棉将水分吸干,在皮肤的内表面涂抹防腐剂,涂抹过程中应注意动物的四肢及尾部处应多涂抹一些,四肢处若留有肌肉应将防腐剂捣入肌肉中。需要特别提醒的是,动物的眼眶和脑颅是标本容易腐烂的部位,因此应涂抹适当的防腐剂。最后是口腔部位的防腐工作,因为口腔与外部空气相接触,而且含有很多黏液,极易腐烂,所以口腔防腐工作至关重要。整个防腐工作既要彻底,又要迅速,因为两栖爬行类尤其是两栖动物,如牛蛙、东方蝾螈的皮肤极易失水干燥,变干的皮肤就不易整形,而且容易粘在一块。

3. 骨架制作

两栖爬行动物的骨架制作,简单来说就是用铁丝代替动物四肢以及躯干,以使其支撑整个躯体。

东方蝾螈、牛蛙、泰国鳄:这三种动物的骨架基本一致,首先根据动物身体指标测量数据,确定标本的前肢、后肢以及躯干部的长度。然后剪取三段铁丝,分别代表前肢、后肢和躯干(剪取的长度应比实际长度略长3~4 cm,方便后期固定),将三段铁丝绑在一起。最后将其穿入动物四肢,置入动物体内。需要提醒的是,在穿牛蛙的骨架时,由于牛蛙后肢骨骼留的较长,需要将其与铁丝固定在一起。

巴西红耳龟:巴西红耳龟的骨架制作也是把三段分别代表前肢、后肢和躯干的铁丝固定在一起,然后穿入巴西红耳龟的四肢、头部及尾部。但是,巴西红耳龟的四肢不可拉伸太长,否则皮肤被拉伸过长会造成缝合困难,并且可能会带来背甲遮盖不住缝补口的问题。另外,两对前肢和两对后肢要分别保持一致。

王锦蛇:蛇类骨架非常简单,剪取一段铁丝从剖口插至尾部,然后从蛇的口腔穿出来,这时铁丝两端多余部分应尽量保留,因为在后期填充过程中会造成蛇体的整体长度延长或缩短,所以这时铁丝预留长一些,待填补完成后再剪去多余的铁丝。

4. 填充

填充则是用脱脂棉或其他材料替代已被剥离肌肉的过程。

东方蝾螈、泰国鳄:根据解剖之前测量的身体指标数据,用脱脂棉对其进行填充,填充时应注意将制作的骨架包在脱脂棉之间,不能让骨架贴着皮肤进行填充,否则会在皮肤表面出现一条很明显的铁丝印迹。

牛蛙:牛蛙的四肢填充时,因其腿骨保留较多,所以不能填大团的脱脂棉,否则会造成局部臃肿。另外牛蛙无尾,所以在填充腹部时先将铁丝末端包裹好,防止其扎破皮肤。在填充牛蛙腿部时,建议边填充边调整,不然在后期的整形中会出现褶皱现象。

巴西红耳龟:巴西龟的填充比较简单,首先将四肢以及颈部空缺的部位填充饱满,然后在背甲壳内塞满棉花,将背甲与腹甲用胶粘合就可以了。值得注意的是,填充四肢与颈部时不要将其长度拉长,否则会造成前后肢左右不等长并且难以缝合等问题。

王锦蛇:因为蛇类躯体较长,所以蛇的填充需要分段进行。所用的填充材料是发泡料,它可以很自然地将蛇体填充得非常饱满,而且操作方便,可以节约很多时间。现在多用白乳胶混合木屑填充蛇类,这样填充可以使蛇类在与地面接触时呈现自然的凹陷状态。

5．缝合

缝合即修补切口。缝合所需要的棉线要求与动物皮肤颜色相当。缝合过程中切忌用力过猛而导致标本变形。

东方蝾螈、牛蛙：缝合东方蝾螈和牛蛙后，应使用与它们皮肤相近的颜料进行涂抹，弥补缝合缺陷。

泰国鳄：对于体型较大的成年鳄，建议采用内部缝合法，即从泰国鳄体内缝合（手从泰国鳄口中伸入，用订书机装订皮肤之间的切口），这样缝合出来的效果比较理想。较小的幼年鳄则不能用该种方法，只能用针线从切口外面缝合。

巴西红耳龟：龟类的缝合非常耗时，因为缝合工作是在背甲与腹甲之间进行，空间较小，容易阻碍针线的插入，所以需要耐心才可以完成缝合工作，最后再用与巴西红耳龟皮肤颜色相近的橡皮泥填充缝合的印迹。

王锦蛇：蛇类的缝合需要与体节相对应，这样缝合之后很自然，注意在缝合最后一针时要用发泡料将未填满的部位继续填饱满，然后再封最后的缺口，这时可能会将之前缝好的切口再次撑大，只需要重新将线拉紧即可。

6．义眼安装与整形

安装义眼，首先要根据动物生活状态下眼睛的大小、瞳孔的形状、虹膜与巩膜的颜色选择合适的义眼，随后在眼眶内加入适量的橡皮泥用于固定义眼，接着放入义眼并调整到位，但是要注意橡皮泥的颜色也是会影响眼部颜色变化的。整形是体现标本真实度的最重要的一步，它直接决定一个标本制作的成功与否。因此整形工作必须依照动物的自然形态进行，包括每一个关节如何弯曲，头部是否上扬等，这些细节都可以改变一个标本的美观程度，所以要求标本制作者在整形之前认真对自然状态下的动物进行观察，去思考标本的最佳形态。整形工作完成后，最好还要对标本表面涂抹一遍清漆，一方面可以增加标本的亮度，另一方面也可起到体表防腐的作用。

5.3.2 实际操作中的若干问题及应对措施

1．实验前未测量动物身体指标

初学者刚开始制作标本时往往意识不到动物身体指标数据的重要性，从而忽视了标本测量环节，最终导致在整形过程中缺乏数据参考，造成整形工作乃至整个作品的失败。

鉴于此，初学者在制作标本前，应充分认识到标本测量环节的重要性。首先动物身体指标数据在标本整形过程中可以提供重要的参考依据，有助于标本制作者更加完美地展现标本的自然形态。其次，标本制作过程中所获得的第一手的动物身体指标数据，可以作为两栖爬行动物分类和亚种鉴别的重要依据。

2．易腐物质去除不彻底

许多初学者所制作的标本放置一段时间后会腐烂生蛆、发臭。究其原因是初学者在制作过程中没有真正掌握剥制标本的剥离和防腐环节，没有严格按照工艺操作剥离，剥离不够彻底，残余的易腐物质较多。

两栖爬行动物因其身体结构的特殊性，在剥制过程中许多部位不易与皮肤分离，为不使标本受损和整形困难，在实际操作中可以将其保留在皮肤内部，这就需要对其周围附着的肌肉和脂肪组织做彻底的清除。对于大块的肌肉，先用剪刀和解剖刀剔除，不易剔除的部位用次氯酸钠饱和溶液涂抹溶解后冲洗干净，头部的脑髓一定要用脱脂棉蘸取干净，然后填入防腐剂，眼球剔除后，要求把多余的组织液擦拭干净，否则容易腐烂，彻底清除易腐物质是标本制作的决定性环节。

3. 骨架制作不规范

许多初学者制作骨架时没有严格按照动物身体指标测量数据进行，导致骨架做得太宽或太长，进而将皮肤撑破，或者是骨架长度过短或左右不齐等，导致标本支撑有缺陷。因此，在制作骨架时首先要剪取适合长度的铁丝，注意剪取的铁丝可以稍长于动物的实际尺寸，但是不要过短，因为偏长了可以重新截取，但是短了就无法弥补了。另外，在拧铁丝的过程中可能会造成左边或右边的铁丝变短，造成左右不一致，这就要求在固定铁丝时要注意换边拧（哪边长了拧哪边）；或者在固定时故意将一边留长，然后只拧一边，固定好之后调整骨架的长度与宽度，注意要严格依照动物身体指标数据进行调整，调整过程也要注意左右一致。骨架的大小直接决定标本最终的大小与形态，所以不容忽视。

4. 防腐不彻底

初学者在防腐环节暴露出的问题主要包括：脑髓去除后没有涂抹防腐剂便直接进行填充；眼球去除后也没有填补防腐剂；口腔黏液过多，易腐物质（如蛙的舌）没有及时去除；对难以剥离的肌肉没有进行防腐处理。

因此，在脑髓去除干净后一定要加入防腐剂。另外，由于眼眶和口腔是直接与外界相通的，最先腐烂的往往都是从口腔和眼部开始，所以这两个部位的防腐是至关重要的。同时，两栖爬行动物的舌在制作过程中不要忘记去除。蛇类和其他动物的四肢部位如果残留少量肌肉组织，可以先注入75%酒精苯酚饱和溶液，然后再将防腐剂捣入肌肉中。

5. 填充不饱满

制作标本是一项十分耗时的工作，对制作者的精力消耗很大。初学者往往在长时间的连续工作中，心情变得浮躁，做到填充这一环节时已经筋疲力尽，填充工作匆匆忙忙，最后导致填充的标本出现左右不对称、局部臃肿或者不够饱满等现象。

鉴于此，要让初学者认识到标本填充的重要性，填充是重现一个标本活力的重要一步。另外，填充工作必须严格遵守标本制作工艺，填充每一部位时都应按照动物身体测量数据进行，不要填充得过多，否则会使标本缝补不上；也不要填充过少，过少就会显得太过空洞。填充的步骤是先上后下，最后再填充腹部。另外，也可适当采用新型填充材料如发泡料等代替脱脂棉作为填充剂。

6. 整形不自然

许多初学者的作品虽然填充很丰满，但由于整形工作不到位，也降低了标本的整体美观度。如何做好整形工作，这就要求初学者在制作相关动物标本之前应了解其在自然条件下的生活形态，在整形时根据其自然形态进行逐步的整形。整形过程中不要用力过猛，因为脱脂棉被挤压过猛就无法恢复原来的蓬松状态。蛇类标本如果用发泡料进行填充，就要求整形工作必须在发泡料没有完全干燥定型之前完成。

7. 制作过程标本变干

两栖动物由于皮肤薄而裸露，在标本剥制过程中，这些动物的皮肤很容易失水变干，特别是室温高于25℃时，皮肤干燥的速度非常快。初学者刚开始接触标本制作，剥制的速度较慢，剥制好一个完整的标本所需要的时间较长，往往在剥制工作刚刚进行到一半时动物皮肤就会相互粘连然后变干，这时初学者都会认为标本不可能做出来而将其放弃。其实解决的办法很简单，只需要将其放入水中静置片刻，皮肤就会重新恢复原来的状态。若担心剥制过程中再次变干，可以在水中对其进行解剖，但是剥制完成后需要将其从水中取出，并用脱脂棉将水分充分吸干，然后进行防腐、填充。

两栖爬行动物类群多样、种类丰富、外部形态和内部结构差异较大，导致不同类型的两栖爬行动物在剥制标本的制作工艺上既有大体上的相通之处，又有细节上的不同要求。两栖爬行类标本制作难度相对较大，要求制作者在实践过程中，既要遵循标本制作的基本工艺和流程，又要有一定的创新性，方能制作出兼具科学性和观赏性的作品，应用于教学、科研、科普宣教工作中。

第6章 鸟类剥制标本制作

6.1 概　　述

随着生物科学和技术的进步,传统标本制作方法已经落后于时代,在不断融入先进技术的同时,新材料的应用使得动物标本制作技术日臻完善。一方面引进了国外先进动物标本制作技术;另一方面无毒防腐剂(主要是硼酸、明矾、樟脑混合物)、逼真的玻璃义眼、动物假体塑形技术等的现代先进材料、技术的应用更使得制作的标本堪称完美。

鸟类剥制标本,一般包括以下步骤:测量、剥制、剔肉、脱脂、脱水、防腐、装架、填充或使用假体、缝合、整形、安装义眼、固定、梳理羽毛或皮毛等工序,然后复原动物生活状态时最美观、最生动的瞬间形象。

根据不同的要求和标本材料的具体情况,剥制标本有三种类型:

1. 真剥制标本

真剥制标本,也称为生态标本或姿态标本。要求制作成生活时的姿态,供陈列或展览之用。

2. 假剥制标本

另一种是假剥制标本,又叫教学标本或研究标本,按统一规格剥制,不装义眼,缝合后僵直平放,供动物分类研究、教学之用。

3. 半剥制标本

还有一种叫半剥制标本,因为标本稀少且有破损,剥制后无法填充,仅涂抹防腐剂。此类标本可为科研提供珍贵材料。

剥制标本技术涉及多学科、多领域、多技能,是一项科学性很强的基础工作。要制作一件完美的野生动物标本,必须在掌握解剖知识、了解动物的肌肉分布和观察动物生态的基础上,熟练掌握标本制作的技巧,耐心、细致地操作才能完成。

现存的关于鸟类剥制标本制作的文献及教材存在着表述过于笼统、可操作性不强或不符合当地实际情况等问题。鉴于此,本章结合大量的标本制作实践,对鸟类剥制标本制作的各个环节进行了翔实地总结。并对标本材料的选取、皮肤的剥离、取脑、防腐、填充、支架安装和整形等环节做了改进、创新,以期为今后继续开展的标本制作工作提供切实可行的参考资料。

6.2 鸟类剥制标本采集

6.2.1 标本的选择和处理

剥制用的鸟类材料,主要以选择鸟体新鲜、羽毛完整、喙脚齐全、皮肤无损或仅轻度损伤的个体,作为剥制标本的材料。

6.2.2 鸟类标本制作工具

解剖刀:解剖剥皮。
镊子:装填假体,整理羽毛等,应备有直头、弯头和各种不同长度规格的镊子。
解剖针:填充、整形、梳理羽毛。
剪刀:剪断细小骨骼及关节腱等。
骨剪:剪断动物肢骨。
铁丝钳:剪断铁丝和做骨架。
直尺、分规、天平:测量鸟体长、翼展、体重等数据。
脱脂棉:填充物,支撑身体。
针线:缝合标本的剖口。
毛笔漆刷:洗涤动物体上的血污和整形。
标签及记录表格:记录动物标本的名称、各部位数据、性别、采集点和日期等。
滑石粉:剥皮时减少油污对羽毛的污染。
橡皮泥:填充眼窝,固定义眼。
解剖盘:在解剖盘内完成动物的剥制。
义眼:替代动物眼睛(应备有不同瞳孔颜色、不同直径的义眼,见表6.1)。
镀锌铁丝:制作标本支架,承受标本重量(应备有各种规格,见表6.2)。

表 6.1 各种鸟类标本义眼规格

义眼直径(mm)	适 用 种 类
2~3	太阳鸟、家燕
15~16	白枕鹤
6	黄鹂、绿啄木鸟、竹鸡
19~20	金雕、斑嘴鹈鹕
9	环颈雉、白冠长尾雉
25~26	雕鸮
12	白鹳、长耳鸮

表6.2 常见镀锌铁丝型号及其适用鸟类

铁丝号数	铁丝直径(mm)	适 用 种 类
8	4.19	白鹭、丹顶鹤、天鹅、白尾海雕
10	3.40	灰鹤、孔雀、小天鹅、金雕、黑脚信天翁
12	2.76	鸢、大白鹭、苍鹭、豆雁
14	2.11	绿头鸭、白鹇、环颈雉、银鸥、苍鹰、蓝马鸡
16	1.65	鸳鸯、花脸鸭、白骨顶、乌鸦、池鹭、家鸽、冠鱼狗
18	1.24	黄鹂、啄木鸟、杜鹃、蓝翡翠、沙锥、斑鸠、蜡嘴雀
20	0.89	白头鹎、普通翠鸟、云雀、雨燕、大尾莺
22	0.71	麻雀、白眉鹀、大山雀、绣眼、鹡鸰
24	0.56	黄腰柳莺、太阳鸟、红头长尾山雀、长尾缝叶莺

6.2.3 试剂及配方

1. 常用药品

三氧化二砷(As_2O_3):也称砒霜,剧毒,防腐效果好。

硫酸铝钾[$AlK(SO_4)_2 \cdot 12H_2O$]:也称明矾,无色、透明晶体,具有防腐、硝皮作用。

樟脑($C_{10}H_{16}O$):具有防止标本虫蛀作用。

硼酸(H_3BO_3):有防腐作用,但较差。

苯酚(C_6H_5OH):也称石炭酸、来苏水。有消毒防腐作用,可防止残留肌肉变质。

酒精(C_2H_5OH):溶解脂肪,能够脱去鸟类皮肤下的脂肪。

丙三醇($C_3H_8O_3$):也称甘油,脱水效果佳。

滑石粉:剥皮时减少油污对羽毛的污染。

清漆:在喙、跗趾、趾、爪等处涂刷清漆,既能防腐,又保持了鸟类裸区的蜡质光泽。

2. 防腐剂配方

鸟类标本常用的防腐剂有两种:

(1) 砒霜防腐剂

配方:三氧化二砷、肥皂、樟脑、水按5:4:1:10的比例,甘油少许。配法:肥皂切碎、水浸、水浴溶解,加入三氧化二砷拌匀,再加入丙三醇成糊状。该防腐膏防腐效果好,但三氧化二砷有剧毒,操作时需小心防护。

(2) 无毒防腐剂(硼酸防腐粉)

配方:硼酸粉、明矾粉、樟脑粉按5:3:2的比例研磨成粉混匀即可。该配方无毒、安全、简单、效果好。

6.3 鸟类剥制标本制作方法

6.3.1 制作流程

1. 标本鉴别

标本分类系统依据《中国鸟类分类与分布名录》(郑光美,2023),鸟类鉴别依据《中国鸟类图志》(段文科,张正旺,2017)和《安徽鸟类图志》(吴海龙,顾长明,2017)。

2. 数据测量及记录

鸟体(图6.1)度量方法如下:

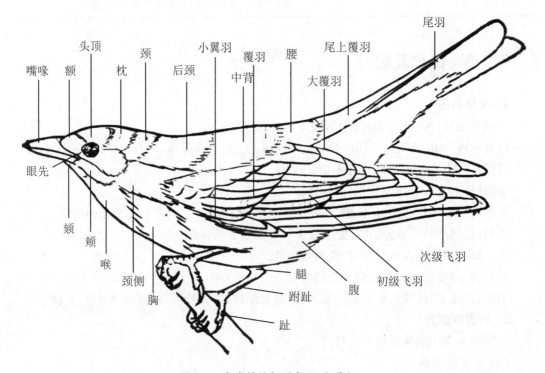

图6.1 鸟类的外部形态(仿郑作新)

体长:自嘴端至尾羽端的长度(图6.2A)。

翼长:自翼角(腕关节)至最长飞羽之先端的直线距离(图6.2B)。

嘴峰长:自嘴基至嘴端的长度(图6.2C、D)。

尾长:自尾基至尾羽末端的长度(图6.2E)。

跗跖长:自胫骨与跗跖骨关节后面的中点至跗跖与中趾关节前面最下方之整片鳞的下缘(图6.2F)。

爪长:趾端着生的角质附属物长度(图6.2G)。

趾长：踝关节距中趾趾端的长度(图6.2H)。
嘴裂：喙最尖端距嘴角长度(图6.2I)。
翼展长：双翼水平展开翼尖的最大长度(图6.2J)。

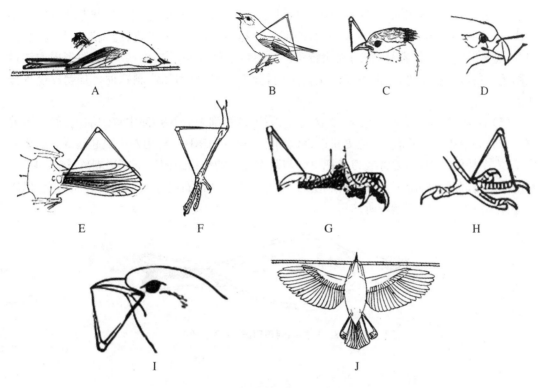

图 6.2　鸟体的测量(仿郑作新)

将上述测量的结果，详细记录在鸟类标本测量用表(表6.3)上，此外，还需在表格上记下体重、采集地点、采集日期、性别(有些鸟类雌雄外部形态相似而无法辨别，可解剖其内脏和检查其生殖器官来确定)以及虹膜、脚、喙和其他裸出部位的颜色等信息。

表 6.3　鸟类标本测量用表

编号		爪长	
中文名		趾长	
生物学名		嘴裂	
采集地点		翼展长	
采集时间		虹膜颜色	
体重		瞳孔直径	
体长		喙颜色	
翼长		脚颜色	
嘴峰长		性别	
尾长		制作日期	
跗趾长		制作人	

3. 鸟类皮肤的剥离

鸟类体型的大小相差很大。大如鸵鸟,体高达 2.75 m,体重达 75 kg 左右;小如红胸啄花鸟、蓝喉太阳鸟和世界上最小的鸟类——蜂鸟,只有拇指那么大,体重仅有 4～5 g。然而它们的剥制方法基本相同(特殊种类例外),只是由于种类的不同,它们的皮肤厚薄和牢度不一样,以致有些种类的皮肤极易破裂,有的羽毛容易脱落,如红头咬鹃、虎斑地鸫和斑鸠等,因此,剥皮时有的比较容易,有的则比较难。这里以家鸽为例,作为一般鸟类的剥皮方法进行阐述。鸟体皮肤剥离,根据刀口的位置不同,分为胸剥、腹剥和背剥三种。其剥皮过程分述如下:

(1)胸剥:将鸟体横卧于桌上,头部向左,右手持解剖刀分开胸部中央的羽毛,然后沿着胸部龙骨突中央,由前而后地把皮肤正直地剖开一段(图 6.3)。再用左手提起已剖开的皮肤边缘,右手持解剖刀,用刀背或刀柄把皮肤与肌肉之间的结缔组织边剖割边剥离(图 6.4),渐渐地剥至胸部两侧的腋下。在进行剥皮时,需经常撒一些滑石粉于皮肤内侧和肌肉上,以防羽毛被肉体上的血液和脂肪所沾污。

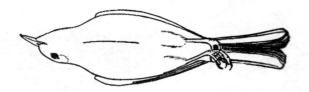

图 6.3　鸟类胸剥剖口线(仿李长看)

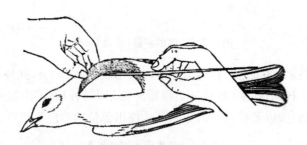

图 6.4　鸟类胸部两侧皮肤的剥离(仿李长看)

用左手的拇指与食指压住靠近颈项两侧所剖开的皮缘,其余三指将头向上托,使颈项伸出,再以左手拇指、食指把颈项肌肉捏住,或用镊子将颈项夹起,右手则持剪刀在颈项基部(靠近前胸位置)剪断(图 6.5),继而用左手把连在头部的颈项向头部方向拉回(必须注意,在剪断颈项时暂勿将气管与食管剪断,以免污物流出而沾污羽毛。同时,避免剪破颈背的皮肤)。

用右手把连接躯体的颈项拿起,将鸟体翻转,使背部向上,尾部向左(如为大型鸟类,则可将其颈项挂在适当高度的金属钩上进行皮肤剥离),然后用左手把头和颈部翻向背上,并压住已剖开的颈部皮肤边缘,使颈背和两肩露出(图 6.6),此时用剪刀在颈的基部处将气管与食管剪断。

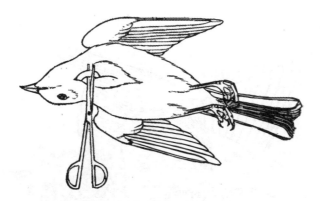

图 6.5　颈的截断位置(仿李长看)

图 6.6　背、肩的剥离(仿李长看)

继续用解剖刀在肩部与肱部附近的皮肤和肌肉之间进行剖割,逐渐使其分离。再用剪刀在肱部中间剪断(图 6.7)。剪时需注意两腋下的皮肤,避免剪破。

图 6.7　肱部的截断位置(仿唐子英)

然后继续向体背、腰部方向剥离,当剥至腰部时,因为一般鸟类的腰部皮肤都比较薄,而且腰部羽毛的羽轴根大都着生于腰部荐骨上,所以不能用力强拉,必须细心地用解剖刀紧贴于腰骨上,慢慢地割离,尤其对于红头咬鹃和鸠鸽科的鸟类,更要小心谨慎,否则其腰部的皮肤极易被撕裂(图6.8)。

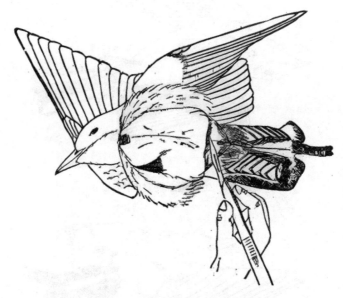

图6.8 腰部的剥离(仿唐子英)

在背、腰部皮肤逐渐剥离的同时,腹面也必须相应地向腹部方向剥离,此时腹与两腿显露,接着,将两腿的皮肤剥至股骨部与跗趾之间的关节处(隼形目和鸮形目等种类可以剥至跗趾部的大部分。鹭科与鹤科等种类则只能剥至胫部的一半位置),再用剪刀插入胫部肌肉使其紧贴于胫骨上,向股部方向挑剔,把附在胫骨上的肌肉剥离剔净,并在股骨与胫骨之间关节处将骨剪断(图6.9),胫部上的肌肉则在胫跗关节间剪断、剔净。

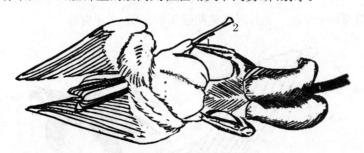

图6.9 后肢的剥离和胫、股骨的截断位置(仿唐子英)
1.腓骨的截断位置;2.股骨的截断位置

接着再向尾部方向剥离,当尾的腹面剥至泄殖孔时,用剪刀把直肠基部剪断,并向后剥至尾基。当尾部背面剥至尾脂腺显露时,须用刀将尾脂腺切除干净。此时,用剪刀在尾综骨末端剪断,剪断后的尾部内侧皮肤呈"V"形(图6.10)。由于在剪断尾综骨时,容易剪断尾羽的羽轴根,造成尾羽脱落,所以必须引起注意。这时,躯体肌肉与皮肤已经脱离,立即将剥下的躯体腹部右侧(腹面观)剖开,检查生殖器官,辨认性别,并记录在鸟类测量用表上,以免遗忘。

某些鸟类,雌雄异形,其性别可以根据外部形态特征的不同来区别,如鸡形目和雁形目等种类。但也有许多的鸟类,雌雄同色,无法从外部形态特征来区别,因此需要剖开腹腔,检查其两性的生殖腺来确定。

图 6.10 尾部的截断位置（仿唐子英）

雌性：在肾脏左侧（背面观）的一个形状不规则的卵巢内，有大小不同的圆形粒状体，即不同发育阶段的卵，生殖期间特别发达（图 6.11A）。

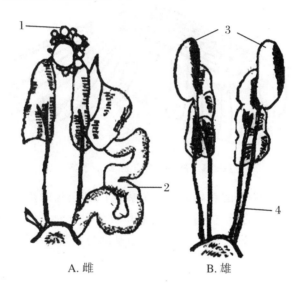

A. 雌　　B. 雄

图 6.11 鸟类的生殖器（仿郑光美）
1. 卵巢；2. 输卵管；3. 睾丸；4. 输精管

雄性：在腰部的肾脏附近可见到一对乳白色或赤褐色呈椭圆形的睾丸（精巢），生殖期间特别发达（图 6.11B）。

随后，进行翼部皮肤的剥离，首先将肱部拉出，右手执持肱部，左手将皮肤渐渐剥离，当剥至尺骨时，因翼部飞羽轴根牢固地着生在尺骨上，比较难剥，可用拇指指甲紧贴着飞羽轴根将翼部皮肤刮下（图 6.12），并将皮肤与尺骨分离，否则，极易拉破皮肤，甚至使翼羽脱落。当剥至尺骨与腕骨头节之间时即把桡骨、肱骨和附在尺骨上的肌肉全部清除干净后留下尺骨。

必须注意，如果要制作展翅标本（即将两翼张开），就不能用上述方法进行剥离，可按图 6.13 从翼下剖开，并除去附在肱骨和尺桡骨上的肌肉，切勿把着生于尺骨上的飞羽轴根割离。同时，需保留肱骨和尺桡骨。不然所制成的展翅标本，其着生在尺骨上的飞羽会往下垂，以致无法使飞羽张开。

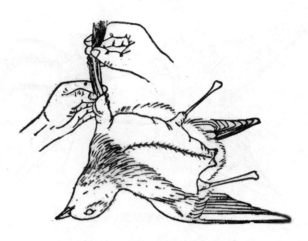

图 6.12 翼的剥离（仿唐子英）

图 6.13 翼部的剖口线（仿唐子英）

两翼剥离后，就可进行头部的剥离。头部的剥离以剥至喙的基部为止。先将气管与食管拉出，右手持颈项，左手以拇指、食指把皮肤渐渐向头部方向剥离，当剥至枕部，两侧出现不明显的呈灰褐色的耳道时，即用解剖刀紧靠耳道基部将其割断（图6.14），或用手指捏紧耳道基部将它拉出。

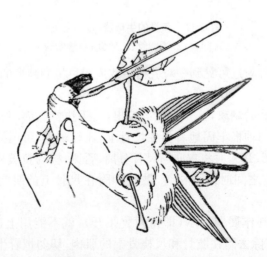

图 6.14 耳道的剥离（仿唐子英）

继续向前剥去,在头部两侧出现的暗黑部分,即为两眼球。按图6.15用解剖刀把眼睑边缘的薄膜割开(切勿割破眼睑和眼球,否则不仅眼球流出的污液沾污脸部的羽毛,而且由于眼睑破损的痕迹会影响标本的美观)。然后用镊子将眼球取出,并用剪刀把上下颌及其附近的肌肉剔除干净。在枕孔周围剪开脑颅腔(图6.16),使枕孔稍微扩大些后用镊子夹住脑膜把脑取出,并用一团棉花将脑颅腔揩拭干净。

图6.15 眼眶的剥离(仿唐子英)

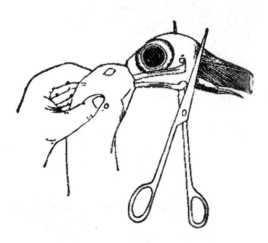

图6.16 脑颅腔的截断位置(仿李长看)

某些鸟类,例如大部分雁形目种类和啄木鸟等,由于头大颈细,相差很大,按上述方法无法将头剥离,应先将颈项剪断,并在头顶和枕部中央直线剖开(图6.17)。剖开线的长短,视鸟头的大小而定,但一般以能将头部和颈项翻出为度。然后按上述方法进行剥离,切勿强行剥下,不然颈部的皮肤极易破裂,头部的羽毛也易脱落。

必须注意,一般应尽量避免剖开头部,以节省缝合手术。例如白眉鸭和乌鸦等种类,在剥离头部时,虽然也感到很紧,但只要小心些,不要用力过猛,还是可以剥得下去,并且也不会使羽毛脱落,既省时又美观。对于头部具肉质冠的种类,应在肉质冠后侧剖开(图6.18),对肉质冠内侧进行脱脂防腐处理。

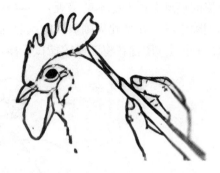

图6.17　头大鸟类头部剖口线　　　图6.18　肉冠鸟类头部剖口线(仿唐子英)

在鸟体剥好以后,应将附在皮肤内侧上的残脂碎肉清除干净,同时把剥皮过程中所撒的滑石粉用漆刷刷去。对于体形较大的鸟类,如鹭、鹤和天鹅等,还应抽去脚腱。抽腱的方法是用刀把脚底皮肤剖开少许(图6.19),再用圆锥或镊子抽至脚根内,立即将肌腱抽出,并用剪刀在靠近脚底处剪断即成(图6.20)。

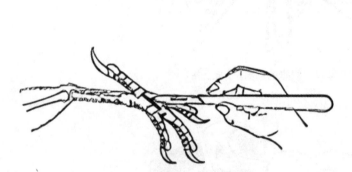

图6.19　脚底皮肤的剖口线　　　图6.20　抽取肌腱(仿唐子英)

剥离后的皮肤和骨骼如图6.21所示。

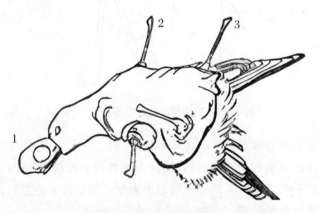

图6.21　剥离后未复原的皮肤和骨骼(仿唐子英)
1.头骨;2.尺骨;3.胫骨

(2) 腹剥：从龙骨突中央用解剖刀轻轻向后剖开皮肤，直切至泄殖腔前缘。注意不要切开腹膜，以免内脏流出污染羽毛。然后将腹部皮肤向两边剥离，剥至腿与躯干的交界处，一手抓住鸟的跗趾，将腿向剖口方向推送，剥离股骨与胫骨的皮肤，并在股骨与胫骨关节处剪断，使之与躯干分离。同法剥离另一只腿。待两腿都与躯体分离后，用左手拇指、食指和中指捏住尾基部，剪断直肠和尾综骨。继而由后向前翻皮至两翼处，剪断肱骨。然后再沿颈部剥至嘴基部。在枕部剪断颈椎，这样整个躯干就同羽毛分离了，再剔除前后肢骨骼上的肌肉。其他操作和注意事项均与胸剥相同，此法适用于制作陈列标本和小型研究标本，做出的标本胸部丰满美观，但初学者不易掌握。剥完后，立即剖开腹部观察性别并做记录。还要取下嗉囊及肌胃，留作食性分析。

(3) 背剥：有些种类的鸟，尤其是适于游泳、潜水的各种水禽，脚的位置均靠近尾部，为保持重心，这些鸟在站立时，身体一般站得直，胸、腹部完全显露，对此无论是采用胸剥或腹剥，则正面的姿势都会受到影响。有时，一些标本需要做成飞行的姿态，使其腹部完全暴露在视线之下，在胸腹部剖口，不如在看不到的背部的剖口更隐蔽。某些鸟类，如雁鸭、企鹅、潜鸟等，腹部羽毛密布，没有裸区，在此部位剖口势必会损伤部分羽毛，致使缝合后在剖口部位出现明显的伤痕。

背剥时将鸟俯卧于桌面，分开鸟背正中线的羽毛，用剪刀从鸟的两翼之间顺脊椎向尾部方向划一条剖口线，直至腰部。小心地从剖口线的两侧将皮肤与肌肉分离，在鸟的肩部及两肋露出后，先在翼根处将两翼分开，从躯体上切断。然后，将鸟的背部适度拱起，往颈部方向剥离，配合颈的后推动作使颈部暴露，用剪刀伸入颈的下方将颈椎挑起并于中间剪断。剩下的剥离与胸剥、腹剥相同，拎起颈椎，将鸟的躯干部分提起，向尾部方向环剥胴体，并依次剪断腿部、尾部。

4. 鸟类皮肤的防腐处理和还原

鸟类躯体经过剥皮后，其皮肤内侧（里皮）必须用防腐剂进行防腐处理，通常采用硼酸防腐剂处理。

在处理过程中，应相应地将皮肤逐步翻转复原，也就是把有羽毛一侧的皮肤翻回到体表，恢复原形，这一步骤简称还原。对皮肤的还原工作应及时进行，时间不能拖得太长，否则容易使皮肤干燥、发硬，不仅影响标本的充填和整形工作的顺利进行，而且还将影响标本的质量。防腐和还原工作应结合进行，具体步骤如下：

在两脚的胫骨上涂布无毒防腐剂（以下简称防腐剂），并在胫骨上缠绕棉花，其大小和原来小腿一样，同时在腿部皮肤内侧涂布防腐剂，并将胫部塞入，使脚翻转还原。然后再用防腐剂涂布尾、腹和腰部，并将其翻转还原。

以左手持翅膀和剖口的皮肤边缘，将防腐剂涂布在翼部皮肤内侧和尺骨上，随即将尺骨塞入，使翅膀翻转恢复原状。同样，将另一翅膀也进行还原。然后在眼窝、脑颅腔、下颌和颈部皮肤内侧也涂上防腐剂，用两团如眼球同样大小的橡皮泥填入眼窝，以代替被剥去的眼球。再用镊子轻夹前额皮肤，逐渐把头部翻转，至枕骨大孔时，将头骨由颈部皮肤处塞入，右手捏住喙端，慢慢地将头部翻出，直至头部、颈部全部还原。这时需要小心细致，不可强拉，否则颈项上的羽毛极易脱落。最后在胸部两侧、胁部和背部内侧同样涂上防腐剂。

5. 填充

生态标本主要是用铁丝支架代替被剥去的骨骼，以支持其身体重量。使用铁丝的粗细，应根据鸟类体形的大小,以及能支持鸟体的重量为度。用脱脂棉花作为填充物,以替代被剥去的肉体,使其保持原来生活时的形态。

常用的填充方法有两种:

一是捆扎法,是用铁丝和填充物先捆扎成略似鸟的假体,再安装入鸟体的方法。

二是充填法,就是将用于标本的支架和假体的填充物,按步骤逐渐充填到体内,替代被剥去的骨骼和肉体。

其中,充填法比较简便、省时,整理姿态时灵活机动,容易调整掌握,效果较好。目前,国内剥制专业工作者,大多数都是采用这种方法。现将充填法介绍如下:

(1)铁丝支架的制法和安装:量取一段适当粗细的铁丝(家鸽用16号),其长度为鸟喙到趾端长的1.3倍(鸟体仰卧伸直时);另取一段较前者长3～6 cm(颈项长的种类例外),按图6.22A、B、C顺序绞合,折成铁丝支架,绞合处应当绞紧,使其不致松动。

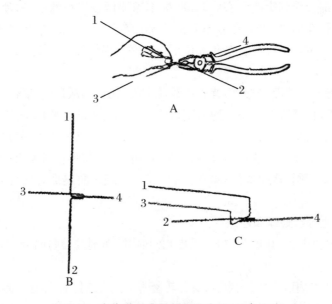

图6.22 鸟类铁丝支架的制作方法(仿李长看)

铁丝支架制成后,在4端上缠绕的棉花略小于颈项(图6.22C),将相互平行的1、3两端(图6.22C),分别从两脚胫骨与跗趾骨关节间的后侧,向脚根方向边旋转边插入,由脚底掌部穿出(图6.23)。同时将2端插入尾部腹面中央,由尾部腹面穿出,以支持尾羽,避免下垂。

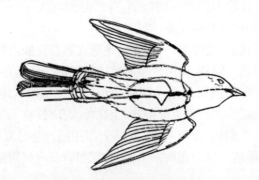

图6.23 鸟类铁丝支架的安装

尽量将2端铁丝向尾部方向后移,使4端(4端在空装时可稍弯曲)能由颈项皮肤中穿至头部脑颅腔中,左手持头部,右手捏住交叉点,并稍用力使4端由脑颅腔插入上喙尖中(图6.23),这样头部就不会摇动。然后用镊子向后轻拉体表颈项的皮肤,避免头部皮肤皱褶在脑颅腔中。这时适当调整铁丝支架的位置,使体长和原来测量时基本相似。

在两翼中需用一根铁丝固定在支架上,以支持两翼的重量,使其不致下垂而保持水平状。具体做法是:取一段铁丝(家鸽用18号),其长度较两翼展开时两指端的距离稍长一些,其中点折成0.5 cm左右宽的"U"形,以左手持翼部,将铁丝的两端同时沿着两肱骨、尺骨的腹面和皮肤的内侧,分别由两指端插入(图6.24B)然后,将"U"形中点的铁丝套在躯体支架绞合的位置上,并用粗线将其扎紧。

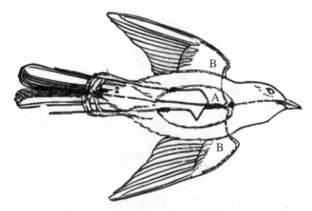

图6.24 鸟类翼部支架的安装(仿李长看)
A. 鸟类支架;B. 翼部安装

(2) 生态标本的充填:把已安装好铁丝支架的鸟皮仰卧于桌上,使头部向右,胸、腹朝上。在支架(腹面观)下面,也就是身体的背面,用镊子夹持扁形长条状的填充物(脱脂棉,下同),顺次由尾、腰、背及其两侧逐渐充填入一层(图6.25),以此作为躯体背面的肌肉(其充填多少视鸟体的大小而定),也可使支架能裹在填充物当中,这样,当标本制成后,鸟体的背面不至于产生凹凸不平和有铁丝支架的痕迹。随后再用棉花充填腹部和两腿的两侧(图6.26)。

在脑颅腔,后头和颈背充填入一长条的填充物,使后头、颈背饱满(图6.27),不能有凹陷现象,颈的两侧也适当充填一些填充物。

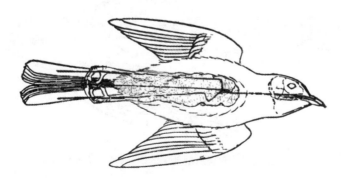

图6.25 鸟类尾、腰、背与支架背面的填充(仿唐子英)

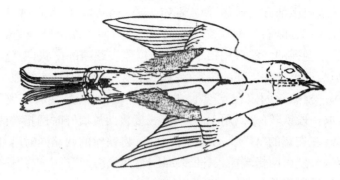

图 6.26　鸟类腹部和两腿两侧的填充（仿唐子英）

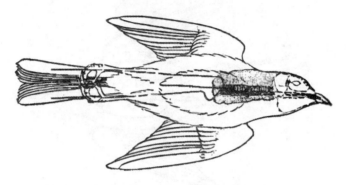

图 6.27　鸟类头和颈部与支架背面的填充（仿唐子英）

将两翼上的尺骨拉出，把它压在支架中间的下面，如果翼上小覆羽和肩羽不服贴，应稍加整理或调整位置，并在两胁充填一些填充物（图 6.28），压住尺骨，使其不致松动。再夹持长条状的填充物，逐渐向尾部、两腿的外侧和下面以及尾部腹面的中央顺次进行充填（图 6.29、图 6.30）。充填过程中，必须注意，穿过两腿和脚的铁丝，应尽量保持在腹面上面，充填时不要将填充物充填在铁丝的上面，否则不仅使两脚被压向后方，而且显不出两腿，这样就无法整理成自然姿态。

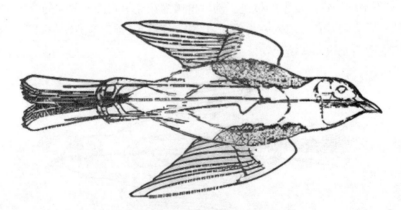

图 6.28　鸟类胸部两侧的填充（仿唐子英）

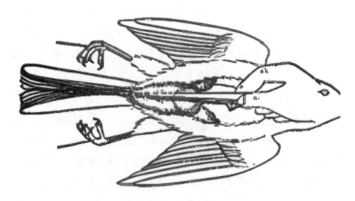

图 6.29　鸟类尾部的填充（仿唐子英）

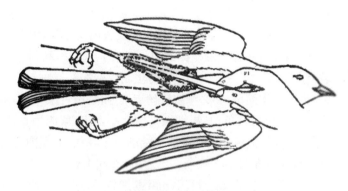

图 6.30　鸟类腿部内侧的填充（仿唐子英）

尾部充填成与原体同样大小后，随即充填胸腹部的两侧和两腿的内侧，直至接近鸟体原来的大小（因填充物富有弹性，所以充填时可稍大一些，缝合后就接近鸟体的大小）。这时，须检查各处是否充填得均匀、饱满，如发现有不足之处，应及时加以调整补充。然后再用镊子夹一长条填充物，由颈项腹面伸至下颌，以替代气管（图 6.31）。

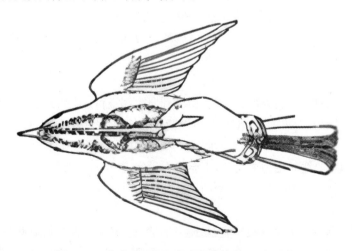

图 6.31　鸟类下颌和颈项腹面的填充（仿唐子英）

(3) 不同标本类型的填充：由于鸟类的品种繁多，体型不尽相同，故在充填时需多加注意。

如䴙䴘目和潜鸟目中的种类,它们的脚着生于躯体的后方;鸥形目种类,其脚几乎在躯体的中间;雁形目种类,其体呈扁阔,腹较大;鹳形目种类的背部凸起……总之,在充填过程中,应多加观察,使标本符合其生态特征,以制成较为理想的标本。之后再进行整形工作。

① 鸟类展翅标本的充填:展翅标本又称飞翔标本,实际上也是姿态标本的一种,仅是制作方法略有不同而已。其充填方法,基本上与上述相同,唯在两翼中需用一根铁丝固定在支架上,以支持两翼的重量,使其不致下垂而保持水平状态。具体做法是:取一段铁丝(家鸽用18号),其长度较两翼展开时两翼尖的距离稍长一些,其中点折成0.5 cm左右宽的"U"形,以左手持翼部,将铁丝的两端同时沿着两肱骨、尺骨的腹面和皮肤的内侧,分别由两指端插入。然后,将"U"形中点的铁丝套在躯体支架绞合的位置上,并用粗线将其扎紧。调整两翼的展开度使其对称,再用粗线分别把两翼的肱骨和尺骨连同铁丝紧扎在一起,并在翼部剖口处,适当地填入一些脱脂棉,再分别将两翼部的剖口处缝合。躯体的充填方法与姿态标本基本相同,可参照进行,唯尺骨不必再压在支架的背面。

② 鸟类研究标本的充填:鸟类研究标本的制作过程比较简便,其体积小,所占位置不大,便于在野外采集时途中运输和室内保管储藏。因此,目前国内各教学、科研单位、在野外进行动物资源考察和采集动物标本时,大多数都采用这种方法制成标本。

研究标本的支架比姿态标本简单,不必缠绕铅丝支架,而是用竹条(也可用铁丝)。制作方法是:取一根约等于头至上腹长的竹条,其粗细视鸟体大小而定,家鸽用直径4 mm左右的竹条,一般不宜过粗,否则头骨容易损坏。将竹条的一端削成丫杈状,前端削尖,杈深约5 mm,在杈的后端竹条上缠绕棉花,其粗细略小于颈项。然后,将叉端由颈项中伸向枕孔内,并由脑颅腔中插入上喙基部。另取一根约长5 cm、直径3 mm的细竹条,把一端削尖,在削尖处的后端,缠绕一薄层棉花,将尖端由体内插入尾部中央的腹面,以支撑尾羽。安装好后,即可进行充填。

研究标本完成后的姿态,呈死鸟仰卧形状。研究标本的充填方法与姿态标本基本相同,因为不需要将其站立起来,其支架也简单,故充填时就比较容易,可参照姿态标本的充填方法进行。

必须注意,为了便于运输和保存,颈项较长的种类,可略微缩短些,至于颈部特别长的种类,如苍鹭、丹顶鹤等,可将颈项中的竹条改用铁丝(直径略较竹条细),以便制成标本后,将头、颈向后弯向体侧。脚胫特别长的种类,应将两脚弯向腹面。头顶具有凤冠的种类,应将头部侧转,并将眼睑的一侧朝上,使凤冠显现。

6. 缝合

标本填充完成后,即可进行缝合。缝合由胸部向腹部进行,用针线由前向后将剖开处缝合(图6.32),边缝合边按压,随时比对剖口两边没缝合的长度,针距不要超过1 cm,进针的方向始终是由皮外向内。在缝合过程中,线暂勿收紧,全部缝好后,左手轻轻捏紧躯体两侧,迫使剖口合拢,右手把线收紧,收线时用力要均匀,不能用力过猛,避免皮肤被撕裂,线收紧后立即打结。缝合好后用解剖针从羽毛根部挑起,梳理剖口处两边的羽毛,特别是与缝合线纠结的羽毛。

7. 安装义眼

首先根据剥制前测量记录的眼球直径、瞳孔直径、虹膜颜色等数据取两只义眼,可买现成的,一般是一个扁玻璃球,背面中间涂有黑漆,表示黑眼珠,还附有铁丝柄,用来插入眼窝。如果没有现成的义眼,可以用玻璃扣子代替。安装的时候,先在眼窝内填入和眼球大小相似的橡皮泥,再把义眼用万能胶粘在眼窝内。待干燥后,用解剖针拨开眼睑,将眼球嵌入眼睑中,再拨正眼睑和义眼的配合。义眼的直径、虹膜的颜色必须与鸟体实际情况一致。

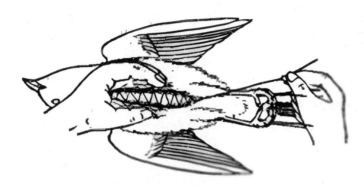

图 6.32　鸟类剖口线的缝合(仿唐子英)

8. 整形

所谓整形,就是把已经充填好的标本,整理成其自然生活姿态,并把羽毛理整齐,嵌装好义眼等工序后,使其站立在树枝或标本台板上。

鸟类剥制标本的整形工作,在标本制作过程中,是极为重要的一个环节,因为标本做得是否生动、逼真,和整形工作有着密切的关系。所以,需要耐心细致地琢磨,竭力使标本的形象符合它的生活习性。但不能过分艺术夸张,避免失真。这一工作,初学者较难掌握。要做好这项工作,不是轻而易举的,也无捷径可走,只有通过实践,了解鸟类的生态习性,经常到野外或动物园中观察它们的形态特征,或者借助于某些比较好的鸟类图谱,作为整理姿态时的借鉴。标本整形可参考《中国鸟类野外手册》和《中国鸟类图志》。

鸟类标本的姿态,还应根据实际需要来确定。对于具有标本的种类和数量多的单位,一般不要单一地取其静立时的姿态,应该显现出它们在生活时的各种不同的生态特征。如觅食、行走、静立观望、起飞和飞翔等。这样可使标本显得丰姿多彩,绚丽异常,犹如仍然生活于大自然的生境之中。

总之,鸟类生活时的姿态虽然是多种多样的,然而它们的整形范围基本上是一致的,仅仅是鸟体各部位的结构和位置不同而已。制作者需要熟悉它们的生态习性,注意观察其生活时的形态,在较好地完成标本充填工作的基础上,整形工作就比较容易掌握。现将整形工作分述如下:

(1) 初步整形:用镊子初步把鸟体各处的羽毛整理一遍,力求羽毛顺势整齐,头部及眼睑处最为重要,如发现缺少羽毛,应尽可能利用附近的羽毛把它遮盖,并用镊子将眼眶拨成圆形。倘若发现躯体有凸起、凹陷或不合适的情况时,可用手指略加揿、捏地加以矫正。因为棉花富有弹性,故有此优点。然后将标本摆弄成所需的姿态,如欲做成静立时的形态,一般使两脚平行直立或稍有前后,胫跗关节微曲,两腿一般位于躯体中心偏后些(特殊种类例外,如潜鸟目、鸊鷉目种类,靠近尾腹两侧;鸥形目则在躯体的中心),头颈在躯体的前上方,头部向前或转向侧面,颈部略有弯曲,躯体背部较腰部稍微高些,尾部朝下,尾羽不张开或微张。倘若做成觅食时的姿态,则使两脚一前一后,胫跗关节较为弯曲,头部向下靠近地面,似在寻觅食物,颈部稍有弯曲,偏向左侧或右面,背部较腰部为低,尾羽一般朝上并张开。如欲做成静立观望,则要使鸟体直立,两脚胫跗部伸直,头部略微抬高,似在站岗放哨(图 6.33)。若要使鸟体飞翔,应使头、颈与躯体几乎成一直线,也可使颈部稍微弯曲,两翅张开,两脚缩起或向后伸直。

图 6.33　鸟类标本各种站立姿态整形参考图（仿唐子英）

（2）安装标本台板：姿态初步确定并整理好后，取一块较两脚距离稍大的方形（正面有斜边）标本台板，在上面量取与两脚趾距离相应的位置，用钻钻两个比支架铁丝稍大的孔，并把台板底面挖两个槽沟后，将标本脚下的铁丝由孔中插入，再把铁丝固定在台板底面的槽沟中（图6.34）。此外，营树栖生活的鸟类，其标本应固定在树枝或树桩上（图6.35），树枝的下端固定在标本台板上，如黄鹂、啄木鸟等。营陆栖和游离生活的鸟类，就不宜于将其装在树枝上。

图 6.34　固定于标本台板上的鸟类标本（仿唐子英）　　图 6.35　固定于树枝上的鸟类标本（仿唐子英）

选择树枝和树桩，也有一定的技艺，好的树枝，不仅能衬托标本的形象，而且能引人入胜。因此，应尽量选择有俯有仰、互不交叉、形态奇特的树枝，黄杨等的树根也是很好的材料。但是,应将树枝消毒后方可使用,以防虫蛀而影响标本的寿命。

具蹼鸟类,如野鸡、鹈鹕等,应使其蹼张开,并用大头针将其固定在标本台板上。具肉质冠和肉垂的种类,需要用厚纸夹紧固定(图6.36)。

图6.36 鸟类肉冠和肉垂的整形(仿唐子英)

在有条件的地方,标本橱中还可布置一些简单的生态环境,如草地、田野、树林、假山或溪流等背景,使标本的形象逼真。

(3) 姿态固定:将标本固定于台板后,应继续整理羽毛,矫正各部位的姿态。在羽毛上涂一层硫黄粉,以防虫蛀。鸟体羽毛在干燥过程中,容易被风吹乱,两翅也易松散变形成下垂,可用一薄层脱脂棉花包裹标本的躯体(体型大的用纱布),待标本干燥后取下。用棉线将喙缚住,以防张开。在喙、冠、颜面等部位按原色着色。并在喙、跗趾、趾、爪等处用毛刷涂刷清漆,这不仅起到防腐作用,而且保持了鸟类裸区的明亮蜡质光泽。

(4) 鸟类展翅标本的整形:基本上与姿态标本整形相似,不同的有以下几点:

① 张开的两翅,用两条呈夹状的薄竹片将翅膀上下夹住,其端部则用线扎紧(图6.37)。翼大的种类需夹二至三道。

图6.37 鸟类展翅标本的翼和尾的整形(仿唐子英)

② 义眼的眼球视线，应稍向下方。

③ 展翅标本一般不必用标本台板，而是用透明的尼龙线穿入鸟体，悬挂于空中。如欲显示将要起飞的标本，可将其脚固定在标本台板的树枝上。

④ 因鸟体无法用脱脂棉包裹，所以在干燥过程中，必须经常整理羽毛，切忌紊乱。

⑤ 使两脚向后伸直，或向前缩起。

(5) 鸟类研究标本的整形：较上述两种简单，其姿态变化不大，多呈仰卧状，主要是把羽毛整理顺势，并将眼眶拨圆，使两脚交叉（图6.38）。

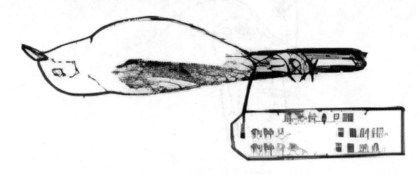

图6.38　一般研究标本的姿态（仿唐子英）

某些种类，为了便于观察其特征或便于保管储藏，则需另行整形。对于头部具有凤冠的种类或喙长而弯曲的种类，例如凤头麦鸡、冠鱼狗、戴胜等，需要将其头部侧面（面颊）朝上（图6.39），以显示其凤冠和喙，并便于保存。对于颈长、脚长的种类，如苍鹭、池鹭等，为了便于安放，应将其头颈弯向躯体的侧面，附于体侧。其两脚则在胫跗关节处，须把后脚折向腹面上方（图6.40）。

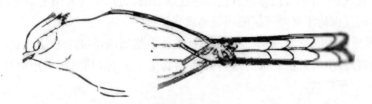

图6.39　具凤冠鸟类研究标本的姿态（仿唐子英）

图6.40　长颈、长脚鸟类研究标本的姿态（仿唐子英）

(6) 标本铭牌：在标本铭牌上写明鸟类的物种名、采集时间和地点及制作人等信息（表6.4）。并将其系在鸟标本的脚上。

表 6.4　标本铭牌设计与记录表

标　本　铭　牌			
物 种 名			
物种分类		采 集 人	
采集时间		制 作 人	
采集地点		制作时间	

6.3.2　标本陈列与保存

刚制好的标本应放在避阳通风处晾干。待干燥后,将裹在躯体上的脱脂棉、纱布、棉线等拆除,并刷去羽毛上的灰尘,在喙、脚上等处涂一层稀清漆(加松香水),待干燥后,即将标本置于标本陈列橱中保存。标本保存应注意"三防一避",即防虫、防尘、防潮、避光。

6.4　鸟类剥制标本技术创新

6.4.1　标本制作方法创新

1. 样品来源创新

传统上采用野生鸟类,随着法律法规的完善以及公众野生动物保护意识的增强,现采用从宠物市场合法购买的虎皮鹦鹉、八哥等,以及人工饲养的家禽如家鸽、鹌鹑、家鸡等。

2. 鸟羽处理技术创新

传统制作领域,鸟羽清理技术繁琐,耗时耗力,并且难以清理干净,本章结合长期的制作实践,探索形成一套简单有效的鸟羽清洁和鸟羽干燥技术。

传统工艺鸟羽清理技术繁琐,耗时耗力,且难以清理干净,本制作团队在长期的制作实践中,探索形成一套简单有效的鸟羽清洁和鸟羽干燥技术。

皮张剥离前,若鸟羽脏污,且脏污面积较大,则备一水盆,放适量清水和洗洁精搅匀,将鸟体浸入水中进行清洗,干净后将鸟体放于滑石粉中去除多余水分,滑石粉吸附性强、吸水性强,再抖去多余滑石粉,用吹风机将羽毛吹干,使鸟羽蓬松整洁,注意将眼部、飞羽羽尖、尾羽末端用吹风机清理干净,将喙部、鼻子、跗跖、趾、爪用湿的脱脂棉擦拭干净;若脏污面积小,用脱脂棉蘸洗洁精水多次擦拭,干净后用脱脂棉吸去多余水分,用吹风机吹干即可。

皮张剥离后,若鸟羽沾有少量血污,则用脱脂棉蘸洗洁精水多次擦拭,干净后用吹风机吹干;若有大量血污,则将皮张浸入洗洁精水中清洗,干净后用滑石粉去除多余水分,再用吹风机吹干即可。注意,若皮张较薄,应减少吹风机干燥时间,可用脱脂棉蘸水保持皮张湿润。

3. 样体皮张剥离、防腐创新

(1) 皮张剥离

鸟类皮张的剥离方法分为胸剖、腹剖、背剖三种,以胸剖法最为常见。传统胸剖法从龙骨突处下刀,在刀口长度的选择上,多采用从颈后部沿龙骨突一直划至腹后部,剖口较大,存在污染周围鸟羽的风险;也有采用腹剖法,刀口则更大,虽采用滑石粉吸附脏污,但也使得这一步复杂化了;还有尝试从颈中部剖至腹后部的方法,这种方法刀口更大,虽便于皮张剥除,但也增加了鸟羽污染的风险。在剥制颈部时,传统方法有采用将颈项与嗉囊一起拉出后剪断的制作方法,也有采用在先剥腿部最后剥颈部的方法,还有采用将颈部一周皮肤剥离沿颈项基部剪断的方法,虽然颈部剪断的位置不同,但都需要先分离颈部的皮张,再剪断脖子,存在损坏皮张的风险。在剥制翅膀部分时,传统方法一般采取沿肱骨中部或上部剪断,这样处理,保留的肱骨较短,在进行翼部塑形时,若要使姿态自然,需花费较多时间且难度较大。在剥制腿部时,传统的处理方法有沿胫骨无肌肉处剪断,也有从股骨与胫骨关节处剪断,还有沿股骨根部剪断,存在腿部骨骼保留过长或过短的问题,增加了塑形难度。关于尾部皮张的剥离,传统标本制作方法选择剪断尾综骨,并剔除尾部肌肉和尾脂腺,但保留尾管,这样尾羽易散,塑形时需要花费更多时间,且初学者较难完成。

针对上述问题,本制作团队在长期的实践中,改进制作方法,总结了一套较为省时简便的鸟类皮张剥制方法。

① 胸部剥离。用75%的酒精蘸湿脱脂棉,以龙骨突为界,将鸟羽向两边拨开,露出无羽毛的胸部,取解剖刀沿龙骨突向上3 mm处(根据鸟体大小进行调整,3 mm的长度适用于中小型鸟类),即颈项后部,剖至腹部前端,降低了解剖刀划破腹部的风险,刀口适中,降低了鸟羽脏污风险,便于皮张缝合,再用镊子以龙骨突为界将皮张剥离,剥至近腋下为宜。

② 颈部剥离。颈部的皮张向颈项上部剥离,露出颈部肌肉后,将颈部骨骼向外推出,用镊子将剩余皮张剥离后剪断脖子、食管与气管,这一步较为省时,且不易剪破皮张。

③ 翼部剥离。将皮张继续向背部与肩部剥离,直至露出肩部的第一处关节,用解剖剪沿关节处剪断,保留所有肱骨,使用解剖剪时,不可剪到腋部皮张,另一侧同样处理。

④ 腿部剥离。用镊子与解剖刀将皮张向腿部剥离,按住腿部皮张,将胫骨向上推,分离腿部皮张,再沿股骨与胫骨关节处剪断,另一侧处理方式相同。

⑤ 尾部剥离。尽量向尾部末端剥除,但要保留尾部羽区脂肪,以免尾羽分散开(尾部要放足量防腐剂,做好防腐),沿着尾部变细处剪断。

⑥ 皮张处理。将多余的颈部剪去(剪去少量靠近枕骨大孔处的头骨),用脱脂棉蘸除鸟脑后,加入适量防腐剂,再用脱脂棉填充;将肱骨与胫骨处的肌肉剔除(若为大型鸟类,还要剔除尺桡骨上的肌肉和腿部的线状肌腱,便于防腐),再将皮张上的肌肉与脂肪去除。

(2) 防腐

传统标本防腐采用的防腐剂大多具有毒性,早期多为砒霜膏(成分:三氧化二砷、丙三醇、肥皂、樟脑粉),渐渐地有了无毒防腐剂(成分:硼酸:明矾:樟脑＝5∶3∶2),随着众多标本制作人的不断探究,如今防腐剂的成分大多为硼酸或硼砂、明矾、樟脑,只在比例上有所调整。本制作团队探究出了新的防腐剂比例,即硼酸:明矾:樟脑＝5∶3∶1。

处理干净后将皮张进行防腐,注意要将整张皮张都涂上防腐剂,尤其是尾部的皮张一定要防腐到位。

鸟类标本特殊部位如跗跖部、趾爪、喙部以及大型鸟类的尺桡骨部位、冠部和肉垂等需要用特殊的防腐方法。跗跖部位、趾爪、喙部,在标本干燥后,轻喷一层清漆,注意用挡板遮挡,避免喷到羽毛上,影响美观。大型鸟类尺桡骨部位用工具剔除尺桡骨多余肌肉后,从切口处放入防腐剂进行防腐。雉鸡类的冠部采用甲醛进行防腐,用注射器取少量甲醛分多次注射在不同位置(注意甲醛有毒且具有挥发性,操作者要佩戴口罩、手套、全程通风)。

4. 支架安装及填充技术创新

(1) 假体雕刻

传统标本制作过程中填充材料一般为棉花、麻线、纸屑,也有用棉花、竹丝制作假体,近年来,随着现代化科技用于标本制作中,多用保利龙泡沫制作假体,或用聚氨酯泡沫制作假体。尽管制作假体的材料不断改进,但是假体的制作依旧采用按鸟类躯干的形状和大小进行雕刻的方法,因而导致标本看起来较缺乏柔软度。

为解决这一问题,本制作团队尝试改变假体大小和形状,再加入柔软的填充物的方法,提高标本柔软度,经过长时间的实践,探究出新的假体制作方法,提高了标本柔软度,降低了假体雕刻的难度。

该假体制作方法如下:取长度与高度均略大于假体的长方体聚氨酯泡沫,密度为 18 K 为宜,若为初学者,也可选用密度为 25 K 的,更易雕刻,还可降低骨架穿插支撑时假体碎裂的风险。用美工刀将长方体切割为六棱柱,确定假体高度后,用美工刀进行斜切,使其具有鸟体的初步形状,再进行细节处理,用砂纸打磨,使其表面光滑,再将假体放入皮张,以皮张可将假体完全包裹为宜。创新性假体与传统假体形状主要的不同点,即前者无须与鸟类躯干形状相同,但需要有一定弧度,确保胸部饱满度,假体的腹部至尾部也与鸟体躯干形状不同,雕刻成近锥形(图 6.41)。

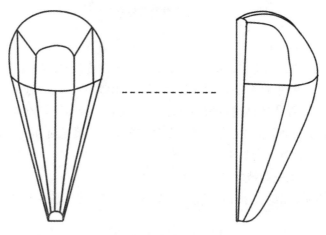

图 6.41 雕刻完成的假体

(2) 骨架穿插

传统标本制作中,骨架穿插所需铁丝数量一般为 2 根、3 根、4 根,我们标本制作团队选取 6 根长度与直径均合适的铁丝进行骨架穿插。小型鸟类大多采用 22 号铁丝,中型鸟类可采用 16 号铁丝,大型鸟类则采用 8 号或 10 号铁丝进行骨架穿插支撑。同一标本所用铁丝的直径不必完全相同,翅膀与尾部的铁丝比颈部、腿部的铁丝可以更细,这样在标本塑形时更易操作,还减少了过多粗铁丝给假体带来的压力,避免假体碎裂(图 6.42)。不同部位的骨架穿插方法如下:

① 颈部的骨架穿插。将支撑颈部的铁丝一端穿过整个假体,并留出一段铁丝反扣在假体上,另一端穿过整个颈部并由鸟的喙部伸出,保留的铁丝长度应大于脖子与喙部的总长度,再将假体进行调整,放入皮张内。

② 翼部的骨架穿插。将铁丝一端经肱骨与尺桡骨连接的关节弯曲面的皮下穿过,到近翅尖处穿出,铁丝的另一端斜穿过假体,反扣于假体之上,另一侧翼部的骨架穿插同上。

③ 腿部的骨架穿插。将铁丝一端经胫骨与跗跖骨连接的关节弯曲面的皮下穿过,到脚掌处穿出,铁丝的另一端斜穿过假体,反扣于假体之上,另一侧腿部的骨架穿插同上。

④ 尾部的骨架穿插。制作尾部支撑架,由尾部插入,固定在假体上,改变调节柄与支撑端角度,进而改变尾部姿态,塑造所需形态。

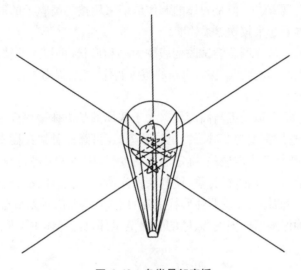

图 6.42　鸟类骨架穿插

(3) 填充支撑

结合鸟体大小,运用脱脂棉对鸟的脖子、胸部、两胁与尾部进行填充支撑。传统标本颈部填充,采用竹丝与棉花共同缠绕在铁丝上,制成与脖子相似的圆柱状;近年,有制作者将材料改为聚乙烯发泡棉棒。本制作团队进行颈部填充时,将脱脂棉分布于铁丝周围,并根据鸟体整形的要求,调整脱脂棉的分布,达到适合颈部的长度;进行胸部填充时,应注意鸟类存在龙骨突,需要将胸部填充饱满,使其符合鸟类自然状态。

5. 缝合、整形及义眼安装技术创新

(1) 缝合:鸟体的皮张缝合采用内缝法,大型鸟类尺桡骨处用脱脂棉填充饱满后,也用内缝法进行缝合。

(2) 整形:在进行标本整形前,先确定好所需标本的姿态,标本姿态除特殊要求外,均应更加符合自然中鸟类姿态。确定好标本的姿态后,对标本的颈部、翅部、腿部以及尾部进行调整,对头部进行固定,对义眼进行安装与调整(鸟眼的摘除在安装义眼前即可,无须过早摘除,便于保持眼睑湿润)。

① 颈部整形:颈部的整形一般与头部姿态共同设计,调整颈部弯曲度、扭曲度以及长度,与头部的方向以及要表现出的神态结合进行塑形。

② 翅部整形:若为收翅状态,则按照鸟类骨骼自然弯曲弧度,将穿插在翅部内的铁丝进行

弯曲,大多呈现为多个不同角度V字形的弯曲,再调节翅膀与两胁的位置关系,使姿态自然即可;若为展翅状态,则调整翅部与躯干夹角,调整翅尖部弧度,再进行细节处理,使姿态自然即可;其他类型的翅部姿态塑形,均参照这两种方法,再进行细节上的调整。

③ 腿部整形:将铁丝紧贴假体向下弯折,再调节腿部的弯曲度。

④ 尾部整形:此时将运用到我们准备的第六根铁丝,将铁丝弯曲,呈现出图6.43的样子(这种弯曲方法是鸟尾固定中常用方法),由尾部插到假体上,调节调节柄和支撑端弯曲度,再整理尾羽,塑造尾部姿态。

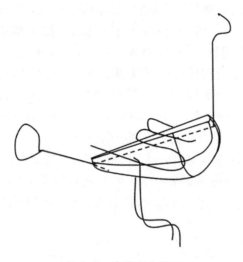

图6.43 鸟类标本塑形

⑤ 游禽的脚蹼整形:选择硬纸板,根据脚蹼大小与形状对纸板进行剪裁,标本固定在标本架上后,将剪裁好后的纸板固定在脚蹼上,干制定形。

⑥ 雉鸡科的冠部整形:雉鸡科的冠部一般较大,若无支撑,不易定形,采取夹板定形,注意力度,以免变形。

(3) 义眼安装:去除鸟眼后,向眼眶中加入适量防腐剂进行防腐,再用注射器将超轻黏土打入眼眶,直到黏土与眼眶周围近平齐停止,将义眼按在超轻黏土上,位于眼眶较中心的部位,用镊子挑起眼睑,使眼睑将义眼外周包住,再调节眼睑弧度,塑造不同眼神。

① 眼部设计及细节调整。

义眼大小的选择方法:义眼应选择与眼眶大小相适应的,但存在例外,如夜鹰的义眼,应选择略大于眼眶的尺寸,虎皮鹦鹉则应选择略小于眼眶的义眼;再考虑本种鸟类瞳孔占比大小,最终确定所需义眼。

结合鸟类虹膜颜色改进义眼。选择与虹膜颜色相近的超轻黏土填充眼眶,义眼为玻璃质地,除瞳仁外,其余部分大多为棕色或无色透明,不足以表现多种鸟类虹膜颜色,需要对义眼颜色进行再加工,这里我们给出了三种义眼颜色调配方法。第一种,根据虹膜颜色,选择颜色适合的义眼,直接安装(这种方法安装的义眼,大多用于眼睛较小或虹膜颜色较容易表现出来的鸟类);第二种,当义眼颜色无法完全满足需要时,则对义眼进行涂色,这里采用的是不掉色的水彩笔,根据虹膜颜色进行涂色,以超轻黏土与义眼本色作为底色,综合表现出义眼颜色;第三种,当义眼颜色需要较高饱和度时,也可采用丙烯颜料,对义眼进行涂色,丙烯颜料透光度低,则超轻黏土的颜色对义眼颜色的表现,只存在较小影响,这种方法极少用到。

② 通过调节眼睑改变鸟类标本神态。

在安装义眼后,可用镊子调整眼睑,以此达到改变鸟类神态的效果。猛禽大多选择呈现锐利眼神的,上眼睑的弧度一般略小于下眼睑的弧度;鸣禽大多选择呈现灵动眼神的,调节眼睑弧度使其近圆,再结合头部扭转合适的角度,即可呈现;也可以根据捕食、观察、探究、鸣唱等状态,调节眼睑弧度,完善呈现效果。

(4) 尾部塑形

对于大多数鸟类的尾部姿态塑型,仅将铁丝扭转成图 6.44A 状态(支撑端的宽度与长度与标本尾部大小相结合),称之为椭圆形尾部支撑架,由尾部插入,调节调节柄与支撑端弯曲度即可起到支撑作用,再调整尾羽,使尾羽合理分布于支撑端,尾部的塑形即可完成。

对于鸟类的尾部姿态塑形,在长期制作实践中,发展形成了四种类型的尾部支撑架(图 6.44)。第一种支撑端呈近似椭圆形,称为椭圆形尾部支撑架,适用于绝大多数鸟类尾型,如乌鸫、家鸽等;第二种可用于展示尾部细节特点,如展示不同种沙锥尾羽的特点,支撑端由同一点向不同方向延伸成一个扇形平面,称为扇形尾部支撑架;第三种用于支撑较长的尾羽,主要考虑到要支撑较长的尾羽,结合尾羽宽度渐小的特点,对支撑架进行改进,将支撑端扭转成近似于梯形,称为梯形尾部支撑架;第四种同样适用于较长的尾羽,主要考虑到尾羽过多、过重且尾羽长度差距较大时,梯形尾部支撑架难以支撑,故增加支撑点,改进制成了有多个支撑点的尾部支撑架,称之为多曲线形尾部支撑架,各个弯曲面之间的距离,可根据不同尾羽的长度进行调节。

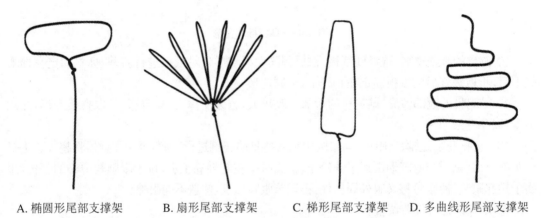

A. 椭圆形尾部支撑架　　B. 扇形尾部支撑架　　C. 梯形尾部支撑架　　D. 多曲线形尾部支撑架

图 6.44　鸟类尾部支撑架

(5) 标本固定与鸟羽整理

按所需标本姿态,将制作完成的标本固定在准备好的木桩上,再整理羽毛,将羽毛按自然状态层叠,达到鸟体流程自然的状态。

6. 标本保存技术创新

将制作好的标本放于临时展示柜内,自然风干,中小型鸟类一般一星期内即可干燥定形,大型鸟类则需要更长时间,注意这个过程中的通风与防虫。如果标本为雉鸡类,还要对其冠部进行处理,冠部不但易变形,还易变色,定形后,根据其自然状态下的颜色进行涂色。

鸟类标本传统处理工艺与创新性处理工艺对比如表 6.5 所示。

表 6.5 鸟类标本处理工艺对比表

技术环节	传 统 处 理	创 新 性 处 理	优 点
鸟羽清洁	清水或洗洁精水清洁,石灰粉吸水或吹风机直接吹干	洗洁精水清洁,滑石粉吸水,吹风机干燥	干燥后鸟羽易蓬松
胸部剥离	龙骨突正中向后划一段或颈中部剖至腹后部	颈后部剖至腹前部	开口适中,不易污染鸟羽
颈部剥离	分离颈部皮张,剪断脖子	将颈部骨骼推出剪断	不易损坏皮张
翼部剥离	肱骨中部或上部剪断	肩部第一关节处剪断	长度适中
腿部剥离	胫骨无肌肉处、股骨根部或股骨与胫骨关节处剪断	股骨与胫骨关节处剪断	长度适中
尾部剥离	剔除尾部肌肉和尾脂腺,保留尾管	保留尾部羽区脂肪	易于尾部塑形
防腐	砒霜膏或硼酸:明矾:樟脑=5:3:2	硼酸:明矾:樟脑=5:3:1	安全
假体雕刻	棉花和竹丝或聚氨酯泡沫等,似样体躯干	聚氨酯泡沫,不似样体躯干	增加标本柔软度
义眼安装	根据义眼颜色喷绘	水彩笔、超轻黏土与义眼本色结合	仿真度高
尾部塑形	一端为放大铁圈的尾部支撑架	椭圆形、扇形、梯形和多曲线形尾部支撑架	尾形覆盖全面

6.4.2 鸟类标本修复技术创新

馆藏鸟类标本在长期保存的过程中,头部、翼部、腿部均有铁丝支撑,躯干部也有假体支撑,但鸟类尾部在制作时肌肉与骨骼均被剪除,以尾部皮张对尾羽的支撑为主,随着时间的推移,皮张老化,存在着尾部脱落的风险。当出现鸟类标本尾部脱落的情况时,一般运用热熔枪与细铁丝结合进行修复。在尾部露出的假体上,涂少量热熔胶,将脱落的尾部重新黏合。为了更加稳固,可将细铁丝剪成多个长短相近的小段,再将铁丝的一端用尖嘴钳扭转成一个小圆,另一端插入尾羽丛中,固定在假体上,这样鸟类标本尾部的修复基本就可完成。需要注意的是,在修复的过程中不可随意更改标本原本的尾部姿态。

6.4.3 总结与展望

1. 鸟羽清洁技术

灵活运用多种鸟羽清洗方法,滑石粉快速吸去鸟羽多余水分,结合吹风机干燥鸟羽,既可获得干净蓬松的羽毛,也可大大降低鸟羽脱落率,减少鸟羽干燥所需要的时间。

2. 无毒防腐剂技术

秉承安全环保的理念，摈弃有毒防腐剂，选择无毒防腐剂，总结多年经验，改进配方比例，既做到了无毒无害，便于科普展示，又提高了防腐功效，延长标本寿命。

3. 聚氨酯泡沫假体填充技术

采用假体支撑结合脱脂棉填充的方法，可以增加标本的饱满度，解决传统假体雕刻方法制作的标本柔软度低的问题。

4. 皮骨剥制分离技术

针对传统鸟类标本制作胸剖法刀口较大或较小、颈部剪切可能损坏皮张、四肢骨骼保留长度不当、尾羽不易塑形的问题，本制作团队采用从颈后剖部至腹前部的方法剖出了大小适当的刀口，将颈部推出剪断的颈部剪切方法也降低了皮张损坏的风险，保留肱骨与胫骨，四肢骨骼长度保留适当，保留尾部羽区脂肪使得尾羽塑形难度大大降低。既减少了皮张剥除所需的时间，又降低了皮张剥除这一步骤的难度。

5. 骨架分段穿插支撑技术

基于实践经验，选取六根铁丝进行标本穿插支撑，根据鸟类体型大小，给出不同的铁丝组合，使得标本更加易于塑形，且降低了假体碎裂的风险；铁丝沿关节处皮下穿过，顺着各关节自然弯曲，更加符合鸟类身体结构；铁丝反扣固定技术，铁丝更易固定，不易与假体分离，还提高了假体表面的光滑度，标本外观更加自然。

6. 调姿细整塑型技术

在标本制作过程中，鸟类眼神的塑造与虹膜颜色的选择都是十分重要的。安装合适的义眼后，调整眼睑弧度，塑造不同的神态，展现不同鸟类的眼神特点，更加接近鸟类的自然状态；不同种类的鸟类虹膜颜色不同，这里给出了水彩、超轻黏土颜色与义眼本色相结合的方法。除眼部需要细化处理外，尾部细节处理同样不可忽视，这里提供了四种尾部支撑架：椭圆形尾部支撑架、扇形尾部支撑架、梯形尾部支撑架和多曲线形尾部支撑架，解决了大多数鸟类标本尾部的塑形需要。

7. 鸟类标本的尾部修复技术

关于鸟类标本尾部脱落问题的解决方法，鲜少报道，总结实践经验，采用一系列措施，可以解决大部分情况下的尾羽脱落问题，为标本修复工作提供一个解决方案。

总之，在长期实践过程中，优化细节方面的处理方法，如鸟羽清洁的顺序、皮张剥制时的切口、骨骼剪切的位置、骨架穿插支撑、眼部设计、尾部塑形，从不同角度着手处理，鸟类标本制作的时间有所缩减，制作步骤也有所取舍，鸟类标本制作更加快速，姿态也更加真实自然。在标本制作过程中，不单关注鸟类标本制作的整个流程，进行创新性改进；还关注鸟类标本的保存寿命，面对尾羽脱落问题，采用尾部修复技术，将鸟类尾羽位置复原，有效延长鸟类标本的寿命。鸟类标本在科普、科研、教学方面都有着重要作用，在制作标本方面的一系列探究与创新，都是为了制作出更加接近自然状态的鸟类标本，便于保留更多鸟类生命信息，用于科研，也可以提高科普、教学等活动的科学性。鸟类标本制作方面的创新永无止境，制作技术的可操作性和标本的自然逼真度是永恒的目标。

第7章 哺乳动物剥制标本制作

7.1 概　　述

动物标本的制作在维多利亚时代(1837—1901年)被英国广泛使用,后引入我国,由于现代技术的发展,这种古老的技术重新焕发出了生命力。浸泡法、剥制法和干制法,是动物标本制作的主要方法。本章将主要探究剥制动物标本的制作工艺以及改进方法。哺乳动物的标本制作,大都采用剥制法。动物剥制标本是利用动物皮张制成的动物标本,这是一项涉及多学科、多领域、多技能且科学性很强的基础工作。我们必须在掌握解剖知识、了解动物的肌肉分布和观察动物生态行为的基础上,并且熟练掌握标本制作的技巧之后才能制作一件完美的哺乳动物剥制标本。皮张的处理和填充物的制作是在哺乳动物剥制标本制作过程中,影响最终效果的关键因素,也是标本制作中的重点改进对象。我国最初的标本制作技术简单,目前技术上的不足和缺陷仍有很多,如工艺比较繁琐,不适合初学者操作。另外,所需保存条件苛刻,不适合长期展览,且标本的审美缺乏时代的气息。

由于剥制标本的制作过程繁琐且难度较大,其在科研方面的作用难以体现。近年来随着生物科技发展,标本的价值逐渐体现,因此标本制作技术开始不断改进创新,在长期的制作实践中,进行制作工艺探究和创新,创新技术中尤为突出的是本章中提及的"聚氨酯泡沫雕刻技术",聚氨酯泡沫塑料是一种新型的有机高分子合成材料,它具有防震抗压、不腐化、不脱落、保温、防水防潮等特征,且固化后粘结强固,填充后紧密无缝隙。因此,用这项新兴制作方法制作出的标本质地紧实,重量较轻,姿态上更符合生物形态特征,其优点在大型哺乳动物标本制作中尤为显著。这项新技术逐渐取代原始的"脱脂棉填充技术"。

本章总结的哺乳动物剥制标本制作工艺,可以让广大生物学工作者能自主进行动物标本的制作,不仅可以锻炼制作人的综合性思维和实践能力,还可在一定程度上减少实验动物的浪费,同时可以为物种保护和生物多样性研究提供宝贵样品。

7.2 哺乳动物剥制标本采集

本次研究主要选用养殖动物或宠物作为样品来源,确保制作标本所需动物样品来路明确、来源合法,杜绝为获取标本而滥捕、滥猎野生动物,在保护珍稀野生动物资源的前提下开展实验。本书将提及的各类群代表动物简介见表7.1,标本分类鉴别依据《中国哺乳动物种和亚种分类名录与分布大全》《中国哺乳动物多样性(第2版)》。并以家兔为例详述哺乳动物剥制标本制作的基本流程。

表7.1 哺乳动物标本制作代表类群

中文名	学名	科	目	性别	生态类型	制作方法
家兔	*Oryctolagus cuniculus*	兔科	兔形目	雄性	穴居	填充法
花栗鼠	*Eutamias sibiricus*	松鼠科	啮齿目	雄性	穴居	填充法
欧亚红松鼠	*Sciurus vulgaris*	松鼠科	啮齿目	雄性	穴居	填充法
豚鼠	*Cavia porcellus*	豚鼠科	啮齿目	雌性	穴居	填充法
山羊	*Capra hircus*	牛科	偶蹄目	雌性	陆栖	假体法
普通香猪	*Sus scrofa*	猪科	偶蹄目	雄性	陆栖	假体法
普通刺猬	*Erinaceus europaeus*	猬科	劳亚食虫目	雄性	穴居	填充法
普通伏翼	*Pipistrellus abramus*	蝙蝠科	翼手目	雄性	穴居	填充法
犬	*Canis lupus familiaris*	犬科	食肉目	雌性	陆栖	假体法
赤狐	*Vulpes vulpes*	犬科	食肉目	雌性	穴居	假体法
黄鼬	*Mustela sibirica*	鼬科	食肉目	雄性	穴居	假体法
家猫	*Felis catus*	猫科	食肉目	雄性	陆栖	假体法

7.3 哺乳动物剥制标本制作方法

7.3.1 制作流程

1. 指标测量

动物身体指标的测量：体重、体长、尾长、后足长、耳长、头长、躯干长、肩高、臀高、胸围(图7.1)。同时，观察记录动物体型、比例结构、体表颜色、虹膜颜色等，熟悉动物的生活习性。所记录的身体指标可在标本制作过程中作为重要参考数据。

2. 皮肤剥离

哺乳动物皮肤剥离方法可分为腹部开口法和背部开口法。下面以家兔为例分别加以介绍。

(1) 背部开口法：将兔趴卧桌上，平铺四肢并将四肢拉伸到最伸展状态，以浓度为75%的酒精湿润背部毛发，拨开毛发暴露出背正中线，根据体型大小，通过解剖刀于背正中线处切开合适大小的皮肤切口(切记避开毛根)，配合辅助工具，将切口扩大，使皮肤与肌肉连接的结缔组织分开，继续向深部切割。首先分离肋骨两侧肌肉与皮肤，继续向前暴露其颈部，将颈部与头部分离,暂时保留头骨,将前体部肌肉翻出切口,在外部继续向下剥制,剥至四肢时,在膝关节软骨处直接切断,将其与躯干直接分离,大致将腿部与肌肉分离后,单独对腿部肌肉及骨骼进行细致剥离。剥离到生殖器时,在其根部进行分离,尾部同理,在根部与皮张进行分离,最后将皮张上剩余组织进行统一清除。

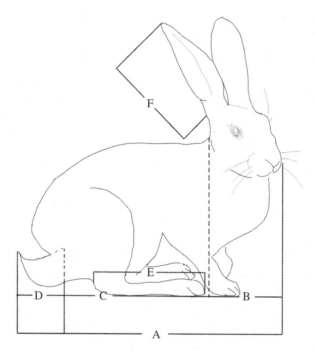

图 7.1 家兔身体测量指标
A. 体长;B. 头长;C. 躯干长;D. 尾长;E. 后足长;F. 耳长

在完成以上处理后,对皮张进行细致处理。将皮张从内部完全翻出,暴露皮张内层,清理皮张上的剩余组织。首先进行头部处理:将头骨从颈部开口处翻出,用解剖刀划开颈部与皮肤的结缔组织膜,至耳部时,利用解剖刀沿头骨从耳根部分离,剔除时尤要注意耳部软骨的清理,切不可破坏耳部皮肤,向前分离,直至将头骨暴露到眼窝处,用解剖刀沿眼窝深处剔出眼球,切勿割破眼睑和眼球,以免眼球内液流出玷污毛皮(此步骤在皮张剥离中至关重要,头部尤其是面部皮肤较薄,此时要注意,若面部皮肤在剥制过程中有破损则会影响标本的神态)。继续向前分离,于口鼻处时,鼻尖端应从鼻软骨处切断,否则常会损坏鼻软骨,同理,切勿伤及皮肤,直至将头部与皮张完全分开,至此再对头骨上的剩余组织进行切除,整个头部的皮张处理都以"宁可多留组织多花时间,不可破坏皮张影响神态"为原则。

在皮张处理到四肢时,将腿骨由下往上向外推,在推力的挤压下,腿骨与腿部骨骼相连接的结缔组织膜被绷紧,配合解剖刀划断连接,继续挤压,继续划断,如此一直重复,可一直处理到脚掌,继续配合镊子、解剖刀,将掌骨及剩余组织清理直至只剩指关节;腿部的清理还有另一种较为快捷简单的方法:将四肢在内侧面开一道长口,在侧面剥出腿及腿骨,最后进行缝合,此种方法在剥制过程中省时间,但对缝合技术有一定要求。腿部处理的原则是只允许保留至多两节指骨/趾骨,若有剩余组织未处理,则容易腐烂生虫,难以长期保存。

最后一步为处理尾部及生殖排泄孔,将尾部完全拉直,在尾下方划一长口,剥离尾骨并清理组织,最后将其缝合,而生殖孔、排泄孔周围皮肤薄且没有明确的分界线,此时只坚持在不破坏皮张的前提下尽量多地剔除组织。最后需要使用防腐剂单独对其进行较长时间的腌制,以上步骤完成后,待其干燥即可进行下一步操作。

(2) 腹部开口法:将兔仰卧于桌上,平铺四肢并将四肢拉伸到最伸展状态,以浓度为75%的酒精湿润腹部毛发,右手持解剖刀,沿腹正中线将腹毛向两侧分开,然后在体中央从胸口至肛门方向由上而下划一小开口,然后提起腹部皮肤,用剪刀一侧或解剖刀伸进皮下及肌肉之间的部分,由上而下划出一较大开口(开口大小按操作者经验而定,开口小可以更好地成型,并隐藏剖口的痕迹),开口最大不能到达肛门处。开口完成后,配合辅助工具,将切口扩大,使皮肤与肌肉连接的结缔组织分开,继续向深部切割,首先分离肋骨两侧肌肉与皮肤,向前暴露其颈部,将颈部与头部分离,暂时保留头骨,将前体部肌肉翻出切口,在外部继续向下剥制,在剥至四肢时,在膝关节软骨处直接切断,将其与躯干直接分散,大致将腿部与肌肉分离后,单独对腿部肌肉及骨骼进行细致剥离。之后的处理与上述背部开口的方法原则基本一致。

3. 皮张处理

剥离下的完整皮张要进行严格的处理,以防皮张皱缩、霉变。皮张处理分成脱脂、鞣制和防腐三个环节。

(1) 脱脂:无论是背部开口法还是腹部开口法,皮下脂肪的处理是皮张处理中至关重要的环节。脂肪在标本制作过程中,油脂染上毛发会难以清洗,作品完成后毛发结块难以处理,影响美观,而且过多的油脂不仅会对防腐剂的作用效果产生极大的负面影响,在标本后期保存中,油脂过多会使毛囊扩张,毛发大片脱落;水生动物标本在保存时若存在大量油脂则会直接导致皮肤成块脱落,且难以修复,因此,皮张上的骨骼、肌肉被清理后,首先要对皮下脂肪进行处理。

将皮张浸泡在高浓度酒精中(酒精浓度随皮张厚度增加),取出晾干后,用解剖刀对皮下脂肪进行全面刮除,此步骤可以清理大部分脂肪,在操作时要防止操作不当对皮肤造成破损,最后放入清水中清洗干净(赵军锋,2010)。

(2) 鞣制:酒精泡制后,对皮张进行鞣制处理,配制方法如下:

① 回软液:1 L 水中加入 44 g 盐(NaCl)与 22 g 氯化铝($AlCl_3$),再添加 22 g 硫酸铵 $[(NH_4)_2SO_4]$。

② 浸泡液:1 L 水中加入 22 g 柠檬酸($C_6H_8O_7 \cdot H_2O$)与 120 g 盐(NaCl)。

③ 鞣制液:1 L 水中加入 120 g 碳酸钠(Na_2CO_3)。

将以上试剂按比例配合完成后,将皮张完全浸泡于鞣制液中,按皮张厚度在鞣制液中浸泡相应的时间,较薄皮张如小鼠浸泡 1 天,中等厚度如兔、羊等浸泡 2 天,大型动物应延长相应时间(李大建,2009)。

(3) 防腐:将皮张鞣制完成后,取出晾干,采用无毒防腐剂对皮张进行防腐处理。将皮张内皮翻出,将防腐剂均匀涂抹于内皮上,同时暴露出四肢、尾部、生殖器及头部的内部,对这些较难清理的细小区域额外添加防腐剂,甚至可以使用防腐剂稍作填充,同时向其颅腔中灌入适量防腐粉剂,并采用脱脂棉将其脑室进行填充。皮张防腐在标本的保存中起主要作用,防腐剂的选择、使用手法及操作要求都会影响标本的保存年限,现阶段采用的防腐剂无毒无害,防腐剂由硼酸、明矾、樟脑丸按 5∶3∶1 配制而成。

4. 填充方法

标本的填充有聚氨酯泡沫法和脱脂棉填充法,一般中大型动物采用聚氨酯泡沫雕刻物来填充,小型动物采用传统的脱脂棉填充法较为简便。

(1) 聚氨酯泡沫填充法:假体雕刻制作法在标本制作领域可谓异军突起,相较于传统的脱脂棉填充法,其优点在于更加贴合皮张,可以更加完美地体现出动物的生理凹陷及凸起;操作简便,不需要制作繁琐的骨骼支架;独立性强,可以在皮张未处理好时就单独进行制作。

制作标本假体,可以使用翻模及雕模两种方法。本着在制作标本的同时可以锻炼动手能力的目的,一般采用整体雕模的方法。对动物的身体数据进行测量,可在动物未剥制时就进行测量,也可对剥制好的皮张测量。依据测量的数据,用聚氨酯泡沫来雕刻相应规格的头部及躯干部假体,并根据所需形态来进行雕塑,因雕刻难度较大,可多人配合进行操作,依照动物的自然状态对假体的形态、细节、整体造型进行雕琢改进,合格的假体可让人清晰地看出这是何种动物、做何动作,在不覆盖皮张的情况下就已经可以了解作品大概。

皮张测量数据(将动物皮张侧放于桌面开口对齐,以下数据测量均为周径)。兔皮张测量指标见图7.2。

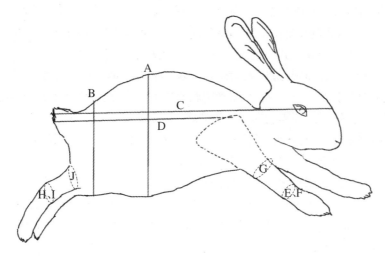

图 7.2 兔皮张测量指标

A. 腹部最宽部距离;B. 腹部最窄部距离;C. 颅骨至尾尖距离
D. 肩胛骨至尾根距离;E. 前肢肘部周径;F. 前肢最窄部周径
G. 前肢最宽部周径;H. 后肢肘部周径;I. 后肢最窄部周径
J. 后肢最宽部周径

依据测量出的数据,采用聚氨酯泡沫雕刻躯干部假体,假体规格可较测量数据稍大,后期配合皮张进行调整。雕刻出的假体要求符合动物的生物特性。

① 头部的雕刻:头部假体可根据剥离出的头骨,对照头部进行单独雕刻,头部的雕刻难点在于细节,由前到后的雕刻重点为鼻镜、口腔、眼窝、颅顶。鼻镜处的雕刻要求不高,但是需要左右完全对称,作为整个标本的最前端,鼻镜处歪斜将会成为后期难以弥补的错误。口腔的雕刻要求十分刁钻,由于某些标本设计口部是张开的,此时需要在头部假体上相应地雕刻出一个口腔,而且口腔要与后期将添加的假舌、假牙及喉腔相嵌套,此部分的雕刻可以按照剥离下来的头骨进行,需要时可将剥离的头骨口腔撑开,对照比例进行雕刻。眼窝的雕刻是头部雕刻最

重要的部分,若眼窝凹陷或凸起则无法还原标本的形态,甚至影响到整个标本的美感,眼窝位置的偏移也会使后期义眼安装偏移甚至无法安装,眼部雕刻的另一个细节是眉骨的复原,若缺少眉骨,标本神态就会显得呆板。最后,有些动物颅骨顶端有凸起,有些有角动物角未完全长出,两端各有一凸起,都应随着动物原始的形态而还原。头骨的雕刻在标本制作中十分关键,也十分繁琐,随着倒模技术的发展,翻模技术可以基本还原头骨的全部细节,但手工制作可以更好地帮助了解动物的解剖结构。

② 躯干的雕刻:躯干部雕刻的细节要少于头部,首先用一整块聚氨酯泡沫粗略雕琢至有大致形状,再对其进行细致修改。一般动物在雕刻中,要求腹部浑圆饱满,对应的前肢、后肢的规格一致,尤其是腿部,切不可雕刻成完全的圆筒状,而应还原真正的四肢形状,比如膝盖弯曲的角度、自上而下的腿周径变化,甚至细致到小腿跟腱的突出、四肢的脉络网凸起等。同时还应考虑设计标本的动作,如饮水时颈部下弯、腿部稍弯曲,侧身观察时脊椎、腰部都稍有侧弯,奔跑时四肢各有其运动轨迹等,在雕刻中,可采用在聚氨酯泡沫上画线条的方式,按解剖结构描绘肌肉的形状、位置、大小等,先描绘,后雕刻,再弥补。雕刻的假体就是标本的最终形态,因此,必须在此步骤对标本的大局进行仔细考虑,生态、动作等做好规划,认真操作。

③ 假体的接合:头部假体和躯干假体制作完成后,比对两假体接口处是否贴合,然后将两假体用砂纸打磨平滑,将制作好的头部和躯体部牢固拼接,头骨和躯干可用三根较粗的铁丝以三角形分布穿插在两假体中间进行连接,并用若干细铁丝在两假体间来回穿插固定,固定的角度随着设计好的标本姿态而定,最后采用聚氨酯发泡剂喷涂缝隙进行填充。假体雕刻技术的难点就在于没有操作技巧,需要一定的雕刻功底及艺术造诣,其难度远远大于传统的脱脂棉填充法,要想制作完美的假体,还需长期系统的锻炼。

(2) 脱脂棉填充法:是最原始、最传统的填充方法,相较于聚氨酯泡沫雕刻法,其优点在于可塑性强,容错率高,对操作没有太高要求,适合新手进行操作;而缺点在于难以高度还原动物在自然状态下的细节。脱脂棉填充法的流程分为骨架的制作和棉花的填充两个步骤。

① 骨架的制作:根据动物的大小选择适当粗细的铁丝作为骨架,剪取三根超过动物体长的铁丝,一根穿插左前肢和右后肢,另一根穿插右前肢和右左后肢,最后一根穿插口腔和尾根,铁丝每端都额外预留 5~10 cm,以防多次整形导致最后铁丝长度不足。将三根支撑铁丝穿插后,再用一铁丝将三根铁丝中间部位捆绑牢固,此操作可采用两钳协助进行,连接后必须保证骨架直接牢固不晃动,否则影响标本整形,之后步骤难以操作。

② 棉花的填充:准备适量脱脂棉,将其撕碎并揉制蓬松。首先对标本的头部进行填充,取少许脱脂棉,用镊子夹取小块棉花少量多次填入脑部,从前往后依次填充,至颈部时尤其要注意,动物的颈部是圆筒形,填充时不宜过粗或过细,也不可不均匀,填充过程中,要对照动物的自然形态,边填充边触摸,此时若发现填充有瑕疵,还可及时补救。填充完头颈部后,对动物的四肢进行填充,取小块棉花,用长镊子将其塞入最底部即掌部,若是动物腿部较细,可采用适当粗细的铁丝将棉花捅入底部,重复该操作,直至腿部填充饱满,脱脂棉填充的腿部粗细过渡不明显,往往像圆筒状。在腿部也填充完后,对身体剩余部位进行填充,对照动物自然形态,不能过度填充,也不能填充过少,应该做到符合动物自然状态下的生理曲线。

5. 皮张缝合

假体制作完成后,将鞣制好的皮张覆盖在假体上,仔细比对大小,预估皮张是否可以完整缝合或缝合后是否有较大空隙,对于难以缝合的部位,用砂纸打磨掉多余部分,而对有较大空隙的部位,可以喷涂聚氨酯发泡剂填充,然后重新进行雕琢。比对完皮张与假体之间的规格,确定严丝合缝之后,将白乳胶均匀涂抹在假体上,披覆皮张,稍作干燥后,将其进行缝合,如果是背部开口,则正常自上而下缝合,若腹侧开口,则需将其反向放置,腹侧开口向上固定后再缝合。缝合过程中,边涂抹白乳胶边固定皮张,要确保皮张完全贴合在假体上时才可进行缝合,缝合完成后对皮张和假体各部位进行调整、校正,达到自然状态。

6. 义体安装

(1) 义眼的安装:由于动物眼球形态各异、虹膜颜色纷繁复杂,因此需要按照需求对义眼进行加工修饰。一般所使用的义眼材料往往是透明的,此时需要鉴别该动物的物种来确定虹膜颜色,对所使用的义眼进行上色修饰,将调试比对后的颜料均匀涂抹于义眼内侧面,干燥后进行安装,部分物种瞳孔形状特殊,为竖长方形,在制作这类义眼时可用黑色颜料在其内部进行涂画,以还原其瞳孔形状。

还原义眼后,待颜料干燥即可进行安装。首先,向眼眶内填充适量黏土,还原眼眶凸起使其流畅自然,填充时,要求义眼略大于眼,外观、直径、方向被眼睑包裹住。然后将义眼填充入眼眶固定。最后进行调整,使义眼完全包裹在眼睑内,眼部自然灵动,眼眶凸起。义眼的直径、虹膜的颜色必须与实际情况一致。

(2) 仿真口腔的安装:在动物标本制作中,还原动物形态的另一个细节在于仿真口腔的制作,根据标本的形态,考虑动物口腔状态是张开还是闭合,如果是闭口状态,只需对口腔稍作填充就进行缝合,而制作张口动作时则需要单独制作口腔模型。假体口腔一般使用超轻黏土或橡皮泥按照所设计的形状进行制作,也可通过翻模制作。口腔的制作可模仿剥离下头骨的口腔,制作时要注意,不同物种的假舌和假牙各异,要还原不同物种口腔的特点,然后对假体口腔进行上色,上色时不可完全使用纯色颜料填涂,否则过于单调,填涂完后应有光影效果,与活体相似。假体上色完成,干燥后即可进行下一步操作。先把假体口腔放入相应位置进行比对,对不嵌合的部分进行打磨修整,然后将铁丝一端插入假体口腔中,另一端稍长,插入头部假体,以此方法使用多根铁丝进行固定,也可使用白乳胶涂抹两处接合处进行固定。

7. 形态处理

整形是体现标本真实度的最重要的一步,它直接决定一个标本制作的成功与否。采用聚氨酯泡沫雕刻法进行填充的标本,其形态在雕刻假体时就已经确定,因此雕刻工作必须依照动物的自然形态进行,包括每一个关节如何去弯曲,头部是否要上扬等,这些细节都可以增加一个标本的美观程度,所以要求标本制作者在雕刻之前认真对自然状态下的动物进行观察,去思考标本的最佳形态。而采用脱脂棉填充法制作的标本,在填充完成后可对照动物在自然状态下的图片进行整形。整形工作完成后,对标本表面有脏污处进行清洗,最好还要对标本无毛部位涂抹一遍清漆,一方面清漆可以增加标本的亮度,另一方面清漆也可起到体表防腐的作用。最后对标本的特殊部位进行处理,如易萎缩部位采用硬纸板对其进行固定,防止后期干燥萎缩,皮肤有褶皱部位应进行针插固定,以确保后期仍有褶皱。

8. 标本陈列

标本制作完成后,需检查防腐工作是否到位,缝合处是否出现遗漏,确认无纰漏后,将标本置于紫外灯下照射30分钟,同时将标本的物种信息、制作时间、制作人等信息录入到电子信息数据库中,为研究生物多样性、物种进化及濒危物种的保护提供遗传数据。消毒完成后,将标本陈列在展柜中,定期对标本的保存状态进行检查,积极与周边有关单位展开互动,开展标本科普宣教活动。

7.3.2 不同类群的特殊要求

哺乳动物不同类群由于栖息环境的迥异,长期的趋异进化造成身体外部形态和内部结构差别很大,故而,除了基本流程大体相似之外,不同类群的哺乳动物标本制作技术又有其特殊要求。

1. 指标测量

动物身体指标测量是标本制作过程中的重要参考,同时这些珍贵的、第一手的哺乳类身体指标数据的积累可以为今后动物分类学和动物形态学研究提供重要参考(鲍方印,2008)。下图选取了不同类群中具有代表性的动物,列举了建议测量指标以供参考,身体指标测量方法如图7.3至图7.8所示。

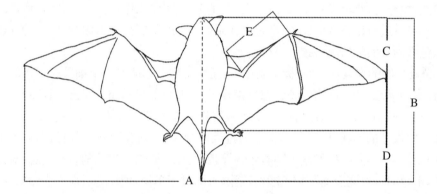

图7.3 普通伏翼身体测量指标
A. 翼展长;B. 体长;C. 躯干长;D. 尾长;E. 前臂长

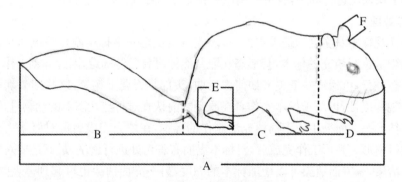

图7.4 花粟鼠身体测量指标
A. 体长;B. 尾长;C. 躯干长;D. 头长;E. 后肢长;F. 耳长

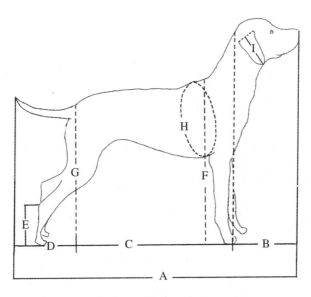

图 7.5　犬身体测量指标
A. 体长;B. 头长;C. 躯干长;D. 尾长;E. 后肢长
F. 肩高;G. 臀高;H. 胸围;I. 耳长

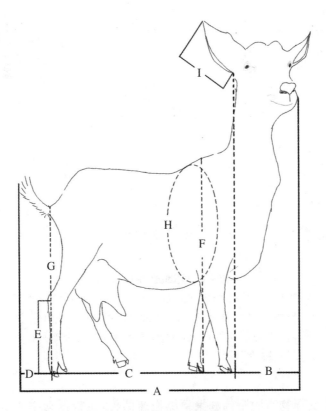

图 7.6　山羊身体测量指标
A. 体长;B. 头长;C. 躯干长;D. 尾长;E. 后肢长
F. 肩高;G. 臀高;H. 胸围;I. 耳长

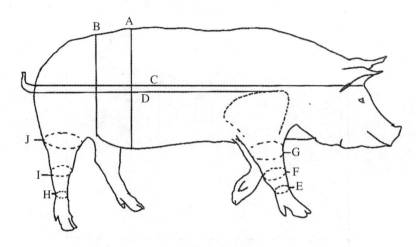

图 7.7 猪皮张测量指标

A. 腹部最宽部距离；B. 腹部最窄部距离；C. 颅骨至尾尖距离
D. 肩胛骨至尾根距离；E. 前肢最窄部周径；F. 前肢肘部周径
G. 前肢最宽部周径；H. 后肢最窄部周径；I. 后肢肘部周径
J. 后肢最宽部周径

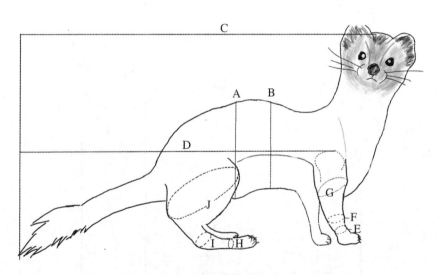

图 7.8 黄鼬皮张测量指标

A. 腹部最宽部距离；B. 腹部最窄部距离；C. 颅骨至尾尖距离
D. 肩胛骨至尾根距离；E. 前肢最窄部周径；F. 前肢肘部周径
G. 前肢最宽部周径；H. 后肢最窄部周径；I. 后肢肘部周径
J. 后肢最宽部周径

2. 支撑方法

哺乳动物标本支撑物有脱脂棉和聚氨酯泡沫两种，应根据动物体型的大小来选择支撑物。小型哺乳动物一般采用铁丝骨架支撑，脱脂棉填充，中大型哺乳动物一般直接采用假体支撑填充。因此哺乳动物的标本制作方法一般包括两类：聚氨酯泡沫雕刻法和脱脂棉填充法。根据动物生理构造和体型大小选择填充方法。在进行填充物制作前，首先要对动物皮张进行测量记录。

(1) 脱脂棉填充法：脱脂棉填充法是采用脱脂棉对动物皮张进行填充的一种标本制作方法，一般采用铁丝作为骨架支撑，脱脂棉进行填充。体型较小的动物往往需要突出细节，常需要对其形态、动作进行改动，因此此方法适用于小型哺乳动物，如鼠、蝙蝠等。

(2) 聚氨酯泡沫填充法：聚氨酯泡沫填充法即采用聚酯泡沫雕塑动物躯体，对动物皮张进行支撑的一种标本制作方法，标本的支撑和填充均依靠泡沫雕刻的假体。此种方法较为固定，假体制作完成后难以进行大幅度改动，但可根据雕刻出的假体提前预估标本将呈现的形态，泡沫雕刻法无须太多调试，在制作大型动物方面较脱脂棉填充法省时省力，且制作出的标本质地更轻，因此此种方法对于中大型哺乳动物均适用。

3. 特殊部位处理

不同哺乳动物特殊部位的处理工艺见表 7.2。

表 7.2　不同哺乳动物特殊部位的处理工艺

代表动物	特殊部位	处 理 工 艺	处 理 效 果
松鼠	腮部	填充棉花	腮部蓬松
	耳部	填充棉花	耳朵竖立
香猪	耳部	耳朵内插入铁丝，外部纸板固定	耳朵竖立不萎缩
	眼部	填充黏土	眼部周围凸起有肉感
	嘴部	针插固定	口鼻上有皱褶
	性征	阴囊、乳房填充	更符合生物学特征
黄鼬	腮部	填充棉花	腮部蓬松
	耳部	填充棉花	耳朵竖立
	背部	还原背部非典型弯曲	更符合生物学特征
山羊	角部	根部插入铁丝固定	角对称且竖立
普通刺猬	耳部	填充棉花	耳朵竖立
	眼部	针插固定	眼睑不皱缩，不暴露义眼
犬、猫科动物	面部	针插固定	胡须竖立

7.3.3　问题及应对措施

动物剥制标本制作是一项综合性很强的技能，需要反复练习，不断完善。在长期的制作实践过程中，总结出其中具有代表性的问题并提出针对性的解决方法以供其他初学者参考。

1. 安全问题

初学者在标本制作中往往忽视安全问题，而安全防控恰恰是标本制作中最需要注意的环节,实验动物往往携带有细菌、病毒等,在标本制作过程中要严防动物疫源性疾病。

动物剥制过程中需要用到解剖刀、剪刀、骨钳等锐利器械,还会接触到酒精、甲醛、乙醚、苯酚等易燃、易爆、有毒的化学药品,因此在制作过程中应加强个人防护,穿戴好防护用品,严格按照技术规程进行操作。指导教师平时应注重生物安全与人身安全教育,强化危化品使用管理制度。

2. 动物福利意识淡薄

初学者在进行标本制作时,可能会接触到一些经过处理的活体实验动物,而对活体动物进行处理时往往忽略动物福利要求。因此初学者在进行操作时应严格遵守动物福利规定,并加强野生动物保护法律法规培训,严禁伤害野生动物,珍惜野生动物资源。

3. 准备工作不充分

初学者对动物标本制作流程尚未系统了解,如果不进行充分的准备工作,贸然进行实际操作,往往很难完成一件合格的标本。因此刚接触标本制作的初学者,首先应认真观摩整套的标本制作流程,仔细记录标本制作工具器械、主要环节和操作要领等,同时需要对哺乳动物分类学、解剖学、行为学等知识进行强化学习。在对标本制作有了整体把握时,方能在熟手或教师指导下进行实际操作。

4. 数据测量不规范

初学者刚接触标本制作时,往往注重动手能力的训练,而忽略了动物分类学、动物解剖学、动物行为学等理论知识的学习,同时也容易忽略对标本进行身体指标测量、样品采样等工作,导致动物遗传多样性数据缺失,并且由于在后期标本制作的过程中无原始的身体指标数据作为参考,不能完美地还原动物最真实的自然状态。

因此,要求初学者们树立科学严谨的态度,严格遵守管理规定。在制作标本前,应充分认识到标本测量和取样环节的重要性,加强动物学理论知识的学习,清楚动物样品的分类地位,能准确进行物种鉴别,明确各测量指标的基本概念和测量方法,准确进行动物组织样品选取、标注和保存。

5. 皮张剥制易破损

对于初学者而言,皮张剥制是第一个难点,因为在剥制过程中,若技术不熟练或操作不当极易造成头部、腿部、尾部和眼眶等部位皮张破损;另外,由于哺乳动物皮下脂肪较厚,必须进行刮除处理,而刮除脂肪过程同样易导致皮张破损,这些破损部位在后期处理中必须先进行缝合修复,相应地增加了工作量和难度。

因此,初学者应在有经验的熟手或指导教师带领下进行皮张剥制工作,操作应细心、耐心,关键部分在没有把握的情况可多保留一些皮下组织,在粗略完成剥制后,再专门对皮张上的剩余组织进行处理,以防止皮张破损。

6. 防腐工作不到位

许多初学者所制作的标本在放置很短时间后部分组织就会脱落发臭,眼眶、生殖排泄孔周围出现白色物质,甚至腐烂生蛆,究其原因是初学者在制作过程中没有严格按照工艺要求操作,防腐剂涂抹不到位,体组织剥离不够彻底,残余的易腐物质较多。

因此,要求初学者应对皮张上残余油脂进行彻底清除,可以先采用酒精浸泡皮张以溶解部分油脂,然后再用解剖刀手工刮除剩余油脂。需要强调的是,在皮张处理过程中,有很多容易被忽略的地方,如头部、掌部和尾部等,这些部位往往有未剔除干净的组织,可以采用饱和次氯酸钠溶液进行清洗,并涂抹大量防腐剂。脑部易腐,应涂抹防腐剂并填以脱脂棉,耳、口、鼻等处无法涂抹防腐剂,可以注射福尔马林溶液或苯酚以达到防腐目的。

因此在防腐方面,初学者不仅要明确易腐部位,更要熟悉各种防腐剂的性质,从而在不同部分正确使用适宜的防腐剂,确保每个部位都能防腐到位。

7. 骨架制作不规范

采用脱脂棉填充法制作的标本,骨架制作对标本的形态至关重要,初学者由于经验不足,在骨架制作环节往往出现以下问题:制成的铁丝骨架过短、骨架之间连接不牢固、骨架安装位置不正确等。因此,要求初学者在骨架制作过程中提前对动物皮张进行测量比对,用于制作骨架的铁丝可以略长于所需长度以便后期有调整空间;骨架连接时要采用辅助工具,使之紧密连接,防止晃动;整形阶段,参照动物的骨骼形态,对骨架进行调整,保证标本的科学性。

8. 填充方法不恰当

填充是标本制作中非常关键的一步,填充过多或过少都会影响标本的美观度和科学性。初学者在填充标本时,填充量把握不准确,导致局部填充过于肥大或不足、填充不对称、掌部、两腮填充不到位等,使得标本过于死板,影响展示效果。

因此,首先要让初学者认识到该步骤的重要性,要求填充工作必须严格遵守标本制作工艺;填充时应严格依照动物身体指标数据,不能填充过多,否则难以缝合,也不要填充过少,否则标本干燥后会干瘪;填充的顺序是从头到尾,从四肢到躯干,最后再填充开口处;在填充时可采用边缝合边填充的方法,以便随时调整填充量。

9. 形态处理不自然

整形是标本制作过程中的最后一步,也是非常关键的一步。整形的好坏决定着一个标本的成败,不仅仅是初学者,所有制作者都需要不断完善整形能力,适当的整形技巧甚至可以弥补在剥制过程中所造成的局部失误。

整形是非常困难的一个环节,要求制作者拥有丰富的理论知识和熟练的综合实践技能。因此,要想做好整形工作,首先得对动物的身体构造和行为习性有深入了解,并对自己所做的标本形态有总体设计,做到胸有成竹,对每个身体部位进行仔细修正,每个部位修整完成后,再观察整体是否自然,最后将其总体整形,使其自然流畅。需要强调的是,整形过程中,不能用力按压,以免造成骨架变形。在整形工作基本结束后,对皮肤裸露部位进行精细处理,皮肤皱褶处如猪的吻部采用针插固定,耳朵等易皱缩部位采用两硬纸板夹牢,防止其干燥后皱缩变形。

10. 标本保管不重视

初学者对标本制作过程相对比较重视,然而往往会忽略标本的保存环节,因此初学者在进行标本制作技能训练的同时,也应充分了解标本保存的重要性。动物标本可以将不同物种的个体保存下来,流传几十年甚至上百年,若忽视标本的保存,即使还原度再高的标本也失去了其本身的意义,因此,初学者应严格按照标本管理措施进行保存处理。

第一,初学者应对所制作标本进行物种鉴别,确定物种名称和分类地位,并将物种中文名和学名、材料来源、制作人、制作时间等相关信息记录在标本铭牌上,附于标本旁边,并将物种信息连同身体指标数据一起录入馆藏标本电子数据库中,以便今后查阅。

第二,对制作完成的标本进行一次彻底的防虫、防霉处理,可以用高锰酸钾对标本陈列室进行熏蒸处理,再用紫外灯照射灭菌处理。但标本的防腐工作并不是一劳永逸的,还需要定期进行驱虫、防霉、防尘等工作。

一件完整的野生动物标本具有极高的科研、教学和科普宣教价值,因此,标本的展示、陈列和保存工作十分重要。若要对标本进行展示,则应选择非阳光直射处摆放,搬运过程中要轻拿轻放,在展示完成后,将标本存放在避光密封环境中,并定期检查。

第 8 章　脊椎动物浸制标本制作

8.1　概　　述

动物浸制标本是指通过将动物整体或器官浸入特定防腐剂或保存液中,以达到防腐、保存和展示目的而制作的一类标本,可分成整体浸制标本和器官、系统解剖浸制标本。

8.2　常用器材和药品

8.2.1　常用器材

解剖刀:用来解剖器官、神经和血管。

剪刀:用来解剖和剪除多余的组织。制作神经标本,剪除骨骼,最好用民用剪指甲的那种阔头剪刀。

镊子:有三种镊子。一种是修理钟表用的 A 字镊子或医用镊子,用来夹取和固定细小的组织。一种是医用眼科用的弯形尖头小镊子,作为血管结扎时穿夹扎线用。再一种是医用长镊子,用来捞取材料。

解剖针:蛙类双毁髓用。

骨钳:解剖时除去硬骨用。

探针:作为解剖时分离器官和组织用。可以取长 15～20 cm 的 16 号或 18 号不锈铁丝,磨细它的头端使用。也可以用缝棉被用的纴针,插入笔杆状的木柄内制成。

玻璃刀:用来划成能插入标本瓶内的玻璃片。

废砂轮片:用来打磨玻璃边缘。可以用砂轮机上调换下来的废旧或碎裂的砂轮片。

20 mL 注射器:注防腐剂用。

各号针头:细的能插入蛙前肢肱动脉,一般用 5 号半针头;粗的能插入家兔主动脉,一般用 9 号针头,中间还有 7、8 两种针头。

木工刀:作为切割标本瓶内固定玻璃板的橡皮嵌脚用。

大头针:标本定型用。

1000 mL 的量筒和 250 mL 的量杯:作为配防腐剂用。

搪瓷盘或小搪瓷盒:用作漂白液和浸液盛器;也可用作解剖盘和注射器、针头的盛器。

洗瓶刷:洗刷标本瓶和量杯用。

标本瓶和标本缸:盛浸制标本用。

0.4~1 cm的橡皮板:切割成方形小块,中间割成凹形槽,能嵌入玻璃片,作为标本瓶内固定玻璃片,缚扎标本用。

解剖板或解剖板盘:解剖标本用。解剖板制作十分简便;木材不要选用硬木,最好用椴木、杉木便于大头针插入,大小为(20~25)cm×(30~35)cm,厚为1~2 cm。两面及四边刨光即可。

3 mm厚的玻璃板:插入标本瓶内,用作缚扎标本。

药棉:解剖标本时用作内脏器官定形的衬垫和吸擦污血用。

试管:浸制小型标本用。

玻璃棒:配制浸液搅拌和在浸液内拨动标本用。

毛笔:涂刷防腐液用。

玻璃片:插入标本瓶内,用来绑扎标本。

塑料薄膜和纱布、蜡线:用于标本瓶封口。

8.2.2　化学药品

40%甲醛(福尔马林):用作防腐剂。

95%酒精:用作防腐剂。

苯酚(石炭酸):用作防腐剂。

甘油(丙三醇):配制防腐剂、保色剂用。

醋酸:又名乙酸。醋酸的穿透速度是很快的,而且会使材料膨胀,所以可以用来配制抵消其他固定液所促成的收缩。

乙二醇:俗名甘醇,配制防腐剂时用来降低防腐剂的冰点。

硝酸钾:用作配制内脏色泽的固定液。

醋酸钠:用作配制内脏色泽的固定液。

百里酚:用作防霉、防腐剂。

盐酸:工业用浓盐酸含37%~38%氯化氢。氯化氢是一种强酸,在使用时要十分小心,不能接触皮肤,更不能溅入眼内。用来软化骨骼。

乙醚:麻醉动物用。

氯仿:麻醉动物和制作有机玻璃标本瓶时胶粘有机玻璃用。

均四氯乙烷:胶粘有机玻璃用。

过氧化氢:用作神经标本的漂白剂。

硫酸镁:麻醉动物用。

汽油:用于脱掉标本上的脂肪。

0.5%~0.8%氢氧化钠溶液:用于腐蚀标本上的残存肌肉。

环氧树脂:用于标本瓶封口。

聚氨酯(乌利当)黏合剂:用于标本瓶封口。

黏合剂:用于标本瓶封口。
苯二甲酯二丁酯:用作环氧树脂的硬化剂。
石蜡:配制标本瓶封口蜡。
蜂蜡:配制标本瓶封口蜡。
丹麦树胶:配制标本瓶封口蜡。
活性炭:用于防腐剂的脱色净化。
合成樟脑:用作驱虫剂。
萘:用作驱虫剂。
乳白胶水:用作胶粘剂。

8.3 脊椎动物整体浸制标本制作

脊椎动物如鱼类、两栖爬行类、哺乳类等适宜制作整体浸制标本。制作过程主要包括选材和处理、整形、防腐、固定和保存等环节。

8.3.1 鱼类浸制标本制作

1. 非彩色鱼类的浸制保存

(1) 选择材料

应选择鳍条完整、鳞片齐全和体形适中的新鲜的鱼类作为浸制标本的材料。大型鱼类,因受标本瓶规格的限制,一般不采用浸制方法保存,而是采用剥制方法保存。

(2) 鱼体的观察、测量和记录

对采集的鱼体进行观察、测量和记录,是鉴定标本名称时的重要依据,同时也是制作剥制标本时的参考依据。在野外采集到鱼类标本后,应趁鱼尚未死去或鱼体新鲜时迅速进行观察和测量(测量指标如图8.1所示),并同时做好记录工作。

全长:由吻端或上颌前端至尾鳍末端的直线长度。

体长:有鳞类从吻端或上颌前端至尾柄正中最后一个鳞片的距离;无鳞类从吻部或上颌前端至最后一个脊椎骨末端的距离。

头长:从吻端或上颌前端至鳃盖骨后缘的距离。

吻长:从眼眶前缘至吻端的距离。

眼径:眼眶前缘至后缘的距离。

眼间距:从鱼体一边眼眶背缘至另一边眼眶背缘的宽度。

尾长:由肛门到最后一椎骨的距离。

尾柄高:尾柄部分最狭处的高度。

体重:整条鱼的重量。

(3) 整理姿态

将新鲜的鱼用纱布包好,干燥致死。然后用清水将鱼体表的黏液冲洗干净(勿损伤鳞片)。用注射器从腹部向鱼体内注射10%的福尔马林溶液,以固定内脏,防止腐烂。然后,将鱼的背鳍、臀鳍和尾鳍展开,用纸板及曲别针加以固定。把整理好的标本侧卧于解剖盘内。鱼体向解剖盘一侧可适量放些棉花衬垫,特别是尾柄部要垫好,以防标本在固定时变形。

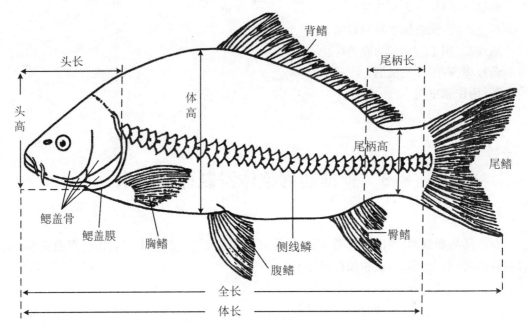

图 8.1 鱼体外部形态测量指标(自郑光美)

(4) 防腐固定

加入10%的福尔马林溶液至浸没标本,作为临时固定,待鱼硬化后取出。

(5) 装瓶保存

用适当大小的标本瓶(标本瓶要长于鱼体6 cm左右,以便贴上标签后仍能从瓶外看到标本全貌),将固定好的鱼类标本,头朝下放入。或根据标本瓶的内径和高度截一玻璃片,将标本用两条丝线分别从鳃盖骨后缘体侧和尾柄部穿入,缚扎在玻璃片上。用橡胶瓶塞或软木塞剔好小槽做成4个玻片固定脚,分别嵌在玻片两侧,将玻片和标本缓缓装入标本瓶内。最后,将10%福尔马林倒入瓶内至满,盖严瓶盖。

(6) 贴标签

将注有科名、学名、种名、采集地、采集时间的标签贴于瓶口下方。标签贴好后,可在标签上用毛笔刷一层石蜡液,以防字迹褪色。

(7) 注意事项

① 标本瓶、缸的规格有圆形、长方形、方形,高度也不同,在装瓶时应根据各种鱼类的不同体形进行选择。例如:呈纺锤形的鱼类宜固定在圆形标本瓶中,鳐类等扁形的鱼类则宜固定在长方形的标本瓶中。在制作过程中,往往由于标本瓶规格不齐全而受到影响,除了选择时应注意外,制作者也应灵活掌握。例如:当鱼的全长超过标本瓶的全长时,可横切尾柄,使其一侧保留部分皮肤,保持它与皮肤的联系,然后将其折转后附在体侧。

② 在教学和实验中,经常需要将标本取出,以作为分类检索和实验观察时的材料。因此一般不宜将标本瓶封口,这样既可以减少封藏时的麻烦,又便于使用。

③ 在野外采集时,因条件所限无法按上述方法进行制作,必须先将标本进行登记和编号,并用布标签系在尾柄基部(视各种鱼类形态而定),并做好记录,否则标本多时容易遗忘而产生混乱。处理好后进行整形固定,待运回后,再按上述方法进行制作。

2. 彩色鱼类的浸制保存

在制作彩色观赏鱼浸制标本时,常规浸制液如福尔马林和酒精虽成本较低、配制简单,但因其具有褪色效应,故而在保存鳞片色彩方面效果不佳。为了保存彩色鱼类标本的天然颜色,需要采用一些特殊的保存液或处理方法。

(1) 获得材料后,必须及时冷藏或固定消毒,以求呈色结构尽量少受损害。

(2) 用肉眼或显微镜观察材料呈色情况,判定它属于纯红、纯黄或是杂色,然后分别对待。因为黄色主要是遮光、绝氧,并且不能和脂溶性溶剂(如酒精)接触,而红色则主要和氧化及 pH 有关。另外,它们对甲醛和酒精的耐受力也不同。若为杂色则必须兼顾红、黄两种色素的性质处理,而且杂色不是单指一条鱼上有几种颜色,也包括纯红、纯黄以外"单纯"的"混合色"。例如金红、橙黄、蓝绿等,它们看上去是"单纯"的一种颜色,其实是几色色素均匀分布(混合)而形成。所以,只要不是纯粹红色素细胞或纯粹黄色素细胞形成,而含有此两种细胞的色彩就是杂色。一般纯黄色与杂色都不能接触酒精,因为黄色素大都为脂溶性物质。但也有例外,例如某些鲽形目和鲀形目身上的黄色斑纹,还有某些金鱼就能数日,甚至数周地抵抗 75%酒精。怕光也是这样,一般黄色鱼类都怕光,但也有例外。可见不同鱼种,在色素上也有一些特殊性。

(3) 固定:总的原则是固定液浓度不可太大,时间不要太长。笔者试用了 3%苯酚,6%~8%甲醛和 75%酒精等,各有优缺点。

3%苯酚:优点是对色素性质温和,而且有轻度还原性,能抵抗氧化;pH 近中性(微酸),所以只要遮光就对任何颜色鱼类都适用。即使固定消毒时间 7~8 天也无影响,是一种适用性广、比较保险、容易成功的固定液。缺点是:① 有的鱼类体外有一厚层黏液,容易固化结成一层白色的壳。克服办法是事先洗去;或事后细心剥去,则壳内鱼体颜色依然鲜艳。② 透入性能较差,不易硬化。克服办法是事先用 3%苯酚腹腔注射,或事先用酒精或甲醛浸泡 5 h 左右。有时固定后因为硬化不充分,蛋白质散入保存液会影响保存液透明度,克服办法是让它泡在保存液中继续硬化完全,再换一次保存液。③ 3%苯酚浓度较大,还原性较强,对某些红色素有微溶现象。但只要在固定消毒后,换上 1%~1.5%苯酚保存液色溶就会停止。所以消毒固定用苯酚浓度不要超过 3%,否则,色素容易溶解。用 3%苯酚消毒固定,是一种容易成功的方法。

6%~8%甲醛:甲醛对色素损害较大,所以一般用 6%~8%的较低浓度甲醛。红色素对它十分敏感,红娘子鱼浸泡后 36 h 就完全变白。用甲醛固定红色鱼类时间要短,最好不要超过 8~10 h。小黄鱼、梅童鱼等黄色鱼类在甲醛中较稳定,但要避光绝氧,否则,很快变白。如固定材料很多时,只要把固定材料严实堆叠并盖上多层纱布,用甲醛淹没,则光氧两缺,自然会保色。但如材料数量很少则较难处理。笔者曾在 6%~8%甲醛中加入 2%苯酚还原,效果较好。甲醛固定 12 h 即可,太久,原生质蛋白变性太大,保存时容易皱缩。

75%酒精:酒精对红色素的损害也较大,但比甲醛温和。其溶解黄色素能力十分明显,一般不能用于黄色和杂色鱼类。

(4) 保存:以 1%~1.5%苯酚最好。而甲醛和酒精则次之。重要的是黄色鱼类一定要遮光。另外，保色持久程度也和材料鲜度、固定强度和时间长短有关。标本缸要用玻璃的，塑料能和苯酚作用，慢慢地使透明度下降。缸口和缸盖吻合处，要用黄油或蜡密封，以防苯酚氧化变色。保存温度以低度为宜。但一定要避光。

8.3.2 两栖类浸制标本制作

1. 测量

有尾两栖类成体测量法和无尾两栖类成体测量法见第5章。

2. 成体的固定和保存

将活体动物用乙醚麻醉杀死，然后用清水洗涤。将洗好的标本放置在解剖盘上，依次向腹腔内注入适量5%～10%的甲醛液，注入后系上编号标签，并依次将标本登记，然后再放入盛有甲醛液的另一容器内固定。固定时可将背部朝上，四肢纠正成生活时的匍匐状态，并注意指、趾是否伸展得很好，若有卷曲，可用探针拨好位置。固定时间约为数小时到一天。最后将标本保存在5%的甲醛液或70%酒精液内。

3. 蝌蚪及卵的处理

在野外采到卵及蝌蚪后，除留一部分标本观察外，将其余标本直接浸入盛有10%甲醛液的瓶内。大型蝌蚪，可盖紧瓶盖后，平置约半小时，使尾部在瓶内伸展，然后再将瓶竖放，用镊子调整蝌蚪使头部向下，尾部向上，以免头重尾轻，压弯标本。每个瓶内，标本不宜盛放太多。瓶内一定要填写完备的布标签，或用硬铅笔在质地坚韧的纸上写明。瓶外也需要贴上纸标签。

卵和蝌蚪的处理基本相同。采集的卵或卵带和采集地的水，应一并装入瓶内，不要与蝌蚪或成蛙放在一起，以免压坏。最好将一个成体的卵全部放在一个瓶内，以便计算卵的数目。并注明采集时间、地点、海拔和环境特点等。另外，还要注明在该地池塘内或附近曾采到哪几种蝌蚪或成蛙，以便帮助确定为哪种动物所产的卵。难于判断时，可培养少数卵，待其孵化成为蝌蚪后再行鉴定。

4. 记录

对所处理的各种标本，结合野外观察记录、生活环境、活动以及体色等，进行登记编号，整理记录（见表8.1）。

表8.1 两栖类采集记录表

采集号		日期		年	月	日
采集地	气温		水温		湿度	海拔
生活习性						
学名		地名		采集人		

8.3.3 爬行动物浸制标本制作

爬行动物除了少数大型种类（如蟒、蛇、巨蜥、海龟等）必须制作剥制标本外，一般均制作浸制标本保存。其制作方法有以下两种：

1. 酒精浸制法

对小型蜥蜴类，先用注射器向标本体腔中注入50%～80%酒精进行防腐，然后用线固定在玻璃条上，放入盛有80%酒精的标本瓶中浸泡保存。并在标本瓶外贴上标签，写清编号、采集日期、采集地点、采集人、制作人等内容。

用酒精浸制时，最好由低浓度向高浓度逐步更换浸制液，使标本逐步失水，最后保存在80%的酒精中。这样浸制的标本，虽经长期保存，但标本始终能保持柔软，不失原形，取出后仍然可以进行解剖和制作组织切片。

2. 福尔马林浸制法

对小型蜥蜴类，先用注射器向标本体腔中注入7%～8%福尔马林进行防腐，然后用线固定在玻璃条上，放入盛有20%福尔马林液的标本瓶内进行固定。几天后再转入7%～8%福尔马林液中长期保存。

对龟鳖类，要先将头和四肢拉出，向体内注射7%～8%福尔马林液，然后固定形状，并保存在20%福尔马林液中。几天后再转入7%～8%福尔马林中长期保存。如果放入标本瓶中，瓶外应加贴标签。

下面以北草蜥为例讲述爬行动物浸制标本制作的基本流程。

(1) 防腐：动物整体标本浸制时，保存液不易渗入，时间一长，内脏容易腐败，要注入保存液防腐。可用注射器套上针头，插入草蜥的头部、胸部和腹部，各注入少量10%福尔马林。

(2) 整形：浸制标本的固定十分重要，要细心地从头部一直做到尾部，不能遗漏。固定解剖板或解剖蜡盘。将注射过防腐剂的草蜥，背部朝上平放在解剖板上，头颈下面衬垫一团棉絮，使头部仰抬。如果要使口张开，可在口内塞入一团棉絮。将前肢、后肢、躯干和尾部按生态摆好，用大头针固定指、趾和尾，如果标本瓶短，可将尾巴弯曲。草蜥的尾容易断，如果尾部断脱，可以用细竹丝插入，连接断尾，再整理姿态。用毛笔蘸40%福尔马林，在蜥蜴皮肤上涂遍两次。1 h以后，草蜥标本的前后肢的指、趾和尾尖部已经定型硬化，拔去大头针，取下浸在10%福尔马林里。10%福尔马林用作过渡浸液，可以浸掉草蜥体内的黄液，以免正式上瓶时污染浸液。标本要浸1—3个月，中间换新液3～4次，直到浸液不再发黄为止。

(3) 装瓶：从10%的浸液中取出蜥蜴，用针穿好白丝线，在蜥蜴的胸部靠近前肢处和腹部靠近后肢处各穿过一条白线，将线缚在玻璃片上，在玻璃片的边缘上打结，尾部也可绑扎一条白线，使整个标本缚扎于玻璃片上，然后制作玻璃片的垫角，安装于玻璃片上，再装入已洗刷干净的标本瓶中。将标本装入瓶后再加入保存液，盖好瓶盖。瓶中的保存液不宜装得过满，液面不能接触瓶盖。取树脂胶或蜡，用毛笔蘸着填入瓶盖与瓶身的缝隙处，直到填平为止，然后在瓶身贴上标签。

(4) 保存：浸制标本不宜放在阳光直射的地方，以防瓶口封蜡熔化，浸液挥发。也不宜放置在零度以下的地方保存，防止浸液冰冻，玻璃破裂。在搬动时，不能剧烈震动，且要平直放置，以免翻倒。

8.3.4　小型哺乳动物浸制标本的制作

对某些小型兽，一次性捕获较多（如蝙蝠、鼠类等），因野外工作条件无法一次制作完毕或因分类的目的标本干后收缩无法看清、因内部器官的研究需要等目的,为防止腐烂掉毛可使用此法。方法是从腹部开口露出内脏浸泡在75%酒精溶液中,或浸制在5%~10%福尔马林溶液内。浸泡前,需将每个标本系上已编号的竹签,便于查阅数据。如用于科研,在液浸前还需将各种测量数据记录下来,再用绘图墨水或铅笔将标本编号写在竹签上并拴于左足(线要短,以免互相缠绕)放入容器。野外工作结束后,要尽快鉴定,分类群放入盛有70%酒精溶液的广口瓶内,瓶外尚需注明学名、产地和采集时间。

8.4 脊椎动物整体剖浸标本制作

解剖标本的制作目的是观察内脏,应按解剖的一般方法除去体壁,以露出内脏。如要展示某一器官系统时,还须小心地除去不需要的部分,展示部分的各器官仍保持其自然位置,然后浸泡于10%福尔马林液中。如标明各器官名称,可将打印好的标签(或用铅笔书写),用胶水贴在各器官上,待粘牢晾干后,浸入保存液中即可。

8.4.1 鱼类剖浸标本的制作

1. 解剖

将新鲜鲫鱼置于解剖盘中,使其腹部向上,用剪刀在肛门前与体轴垂直方向剪一小口,将剪刀尖插入切口,沿腹中线向前经腹鳍中间剪至下颌;使鱼侧卧,左侧向上,自肛门前的开口向背方剪到脊柱,沿脊柱下方剪至鳃盖后缘,再沿鳃盖后缘剪至下颌,除去左侧体壁肌肉,使内脏暴露(图8.2)。用棉花拭净器官周围的血迹及组织液,置入盛水的解剖盘内观察(图8.3)。

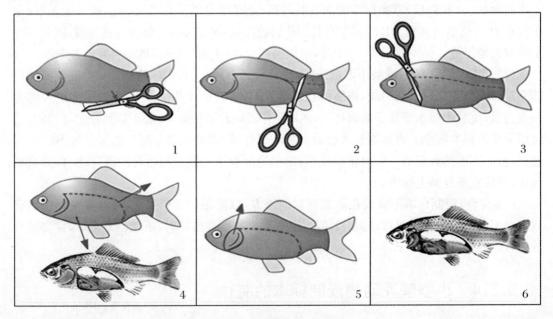

图8.2 鱼体解剖的顺序

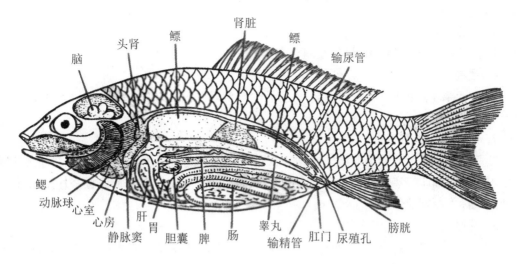

图 8.3 鲫鱼的解剖（自郑光美）

2. 呼吸系统

（1）鳃：第一至第四鳃弓的外侧附着许多鳃丝而构成鳃瓣，鳃弓内侧生有许多突出物叫鳃耙，鳃丝中分布血管，借以进行气体的交换，鳃很易破损，外有鳃盖及鳃盖膜保护，因此鳃裂不直接通到体外。

（2）鳔：位于体腔内消化管背方的一个囊，呈纺锤状、中央部特别缢缩，分成前后二室，自后室接近中央部处发出鳔管，鳔壁有内外两层，外层柔软有银色光泽，内层由具有弹性的纤维质构成。

2. 循环系统

心脏位于身体前端的腹侧，即左右胸鳍之间，有与体腔隔绝的一小腔，为围心腔。心脏居于其间。撕破心包膜，露出心脏，它由三部分组成，心室（在心房的前方）呈淡红色，壁极厚，侧面观察略呈方形，前后两端缩小）；心房（在心室的背侧，偏于左方，其壁甚薄）；静脉窦（连接于心房的后端壁亦较薄）。

3. 尿殖系统

（1）泌尿器官：肾脏位于体腔背部正中线的左右两侧，为极长的红褐色腺体，肾脏的前端有一伸至心脏背方的一块较大的腺体，称为头肾，每侧肾脏各通出一条输尿管往后，左右相合进入扁平椭圆形膀胱，膀胱开口于尿殖窦，其后经尿殖孔到体外；尿殖孔开口位于肛门之后。

（2）生殖器官：雌雄异体，雌雄生殖腺同为一对大型的囊，其位置在肾脏的腹侧。睾丸为白色的腺体，卵巢略带黄色，从左右生殖腺各发出一条输出管，其后端向后，开口于尿殖窦由尿殖孔而逸出体外。

4. 神经系统

以左手拿鱼，鱼背面上，着手用锐利的剪刀由后向前将头盖骨剥除，即可见充满脂肪组织的脑颅腔，小心地用水冲洗，用剪刀将侧壁和其他妨碍看到脑的一些骨骼除净，然后将头调过来，使鱼头向自己，背向上，将剪刀的一叶插入脊椎骨的开始部分，将前几个椎体的髓弓切除，使脊髓露出，从上方观察脑，由后向前可看见脊髓、延脑、菱形窝、小脑、中脑、间脑、端脑、嗅束及嗅球。

5. 脊椎

然后剪去左侧背部肌肉,将其左侧脊椎露出。

6. 浸制

用线穿背缚于事先准备好的玻璃片上,轻轻冲洗,然后按原色浸制法(见第 8.3 节)予以固定、保色、浸存等操作。

7. 装瓶

装瓶前可以从过渡液里取出标本,如需在器官上标字,则可稍作冲洗晾干,将事先准备好用不脱色黑油印好字的硬纸片修整成小块,然后按名称用双管胶或蛋白将字片粘上,待干后即放入标本瓶配液保存。

8. 卦瓶

一般不采用永久封瓶法,以便保存一段时期后,可以换液保持透明观察,因此常以熔蜡封口即可,然后在瓶外贴标签。

9. 包口

用一层略大于瓶盖的纱布盖在瓶口上,再用一块同等大而较厚的塑料薄膜在酒精灯上方加温变软,盖在纱布上随之以蜡线将纱布薄膜一齐缚于瓶口颈部,然后用两手使劲向下拉薄膜,直至瓶盖周围薄膜的皱纹消失为止,最后,离瓶口 1 cm 处扎线,剪去所剩,如求美观则可以在绕线外再贴一条胶布。

8.4.2 两栖类剖浸标本的制作

1. 解剖

取牛蛙或蟾蜍用双毁髓法处死。在腹面由下颌到排泄孔用剪刀挑起体壁并剪开,勿伤及内脏,并将腹面体壁充分张开(注意保留腹静脉),线条剪口力求圆整美观、使内脏按其自然状态全部暴露,以便观察。图 8.4 为蛙内部解剖结构。

2. 消化系统

(1) 肝脏:红褐色,位于体腔前端,心脏的后方,由较大的左右两叶和较小的中叶组成。在中叶背面,左右两叶之间有一绿色圆形小体,即胆囊。胆汁经总输胆管进入十二指肠。

(2) 食管:将心脏和左叶肝脏推向右侧,可见心脏背方有一乳白色短管与胃相连,此管即食管。

(3) 胃:为食管下端所连的一个弯曲的膨大囊状体,部分被肝脏遮盖。

(4) 肠:可分小肠和大肠两部分。小肠自幽门后开始,向右前方伸出的一段为十二指肠;其后向右后方弯转并继而盘曲在体腔左下部,为回肠。大肠接于回肠,膨大而陡直,又称直肠;直肠向后通泄殖腔,以泄殖孔开口于体外。

(5) 胰脏:为一条淡红色或黄白色的腺体,位于胃和十二指肠间的弯曲处。

(6) 脾:在直肠前端的肠系膜上,有一红褐色球状物,即脾。它是一淋巴器官,与消化无关。

3. 呼吸系统

牛蛙或蟾蜍为肺皮呼吸。肺呼吸的器官有鼻腔、口腔、喉气管室和肺。

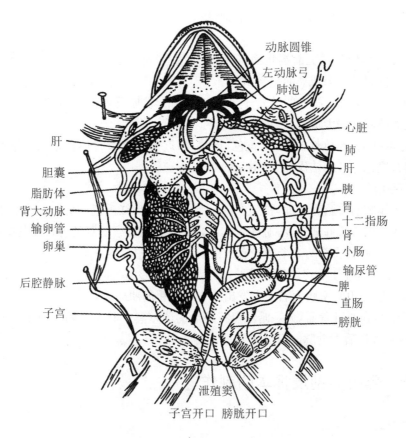

图 8.4　蛙内部解剖结构（自郝天和）

4. 泄殖系统

牛蛙为雌雄异体，观察时可互换不同性别的标本。

(1) 泌尿器官

① 肾脏：1 对红褐色长而扁平的器官，位于体腔后部，紧贴背壁脊柱的两侧。将其表面的腹腔膜剥离开，即清楚可见。肾的腹缘有 1 条橙黄色的肾上腺，为内分泌腺体。

② 输尿管：左右输尿管末端合并成一总管后通入泄殖腔背壁（蛙由两肾的外缘近后端发出的 1 对壁很薄的细管，它向后延伸，分别通入泄殖腔背壁）。

③ 膀胱：位于体腔后端腹面中央，连附于泄殖腔腹壁的 1 个两叶状薄壁囊。膀胱被尿液充盈时，其开头明显可见；当膀胱空虚时，用镊子将它放平展开，也可看到其形状。

④ 泄殖腔：为粪、尿和生殖细胞共同排出的通道，以单一的泄殖腔孔开口于体外。沿腹中线剪开，进一步暴露泄殖腔。剪开泄殖腔的侧壁并展开腔壁，用放大镜观察腔壁上输尿管、膀胱，以及雌蛙输卵管通入泄殖腔的位置。

(2) 雄性

① 精巢：1 对，位于肾脏腹面内侧，近白色，卵圆形，其大小随个体和季节的不同而有差异。

② 输精小管和输精管：用镊子轻轻提起精巢，可见由精巢内侧发出的许多细管即输精小管，它们通入肾脏前端。所以雄蛙的输尿管兼输精。

③ 脂肪体：位于精巢前端的黄色指状体，其体积大小在不同季节里变化很大。雄蛙精

巢前方,有1对扁圆形的毕氏器,为退化的卵巢。

(3) 雌性

① 卵巢:1对,位于肾脏前端腹面,形状大小因季节不同而变化很大。在生殖季节极度膨大,内有大量黑色卵,未成熟时呈淡黄色。

② 输卵管:为1对长而迂曲的管子,乳白色,位于输尿管外侧。以喇叭状开口于体腔;后端在接近泄殖腔处膨大成囊状,称为"子宫"。

③ 脂肪体:1对,与雄性的相似,黄色,指状,临近冬眠季节时体积很大。雌蛙的卵巢的脂肪体之间有橙色球形的毕氏器,为退化的精巢。

5. 循环系统

心脏位于体腔前端胸骨背面,被包在围心腔内,其后是红褐色的肝脏。在心脏腹面用镊子夹起半透明的围心膜并剪开,心脏便暴露出来。从腹面观察心脏的外形及其周围血管。

(1) 心房:为心脏前部的2个薄壁有皱褶的囊状体,左右各一。

(2) 心室:1个,连于心房之后的厚壁部分,圆锥形,心室尖向后。

(3) 动脉圆锥:由心室腹面右上方发出的1条较粗的肌质管,色淡。

(4) 静脉窦:在心脏背面,为一暗红色三角形的薄壁囊。其左右两个前角分别连接左右前大静脉,后角连接后大静脉。静脉窦开口于右心房。

8.4.3 爬行类剖浸标本的制作

1. 捉拿方式

以人工养殖的巴西红耳龟和中华鳖为例,捉拿鳖(或龟)时一定要防止被咬,尤其是鳖。鳖尾与后肢间有两个软凹窝,较安全的捉鳖方式便是将拇指和食指、中指分别卡住鳖的这两个软凹窝,快速转移到准备的容器中,以避免被咬和被其后肢抓伤。

2. 解剖

用滴管将乙醚或氯仿滴入鳖(或龟)喉门,或将蘸有氯仿的脱脂棉球置入其泄殖腔深处,使其麻醉。在动物解剖台上将其头部和四肢固定。用剪刀沿鳖的背、腹甲之间剪开,去掉腹甲(图 8.5);解剖乌龟时则可用锯条将背、腹甲之间的甲桥锯断后,再去掉腹甲。

3. 循环系统

打开心包膜即可看到心脏由一心室和两心房组成。心室位于腹侧,后端稍尖,前方圆。心房在心室前方,静脉窦横在心室背方,壁薄。由心室发出3条动脉弓,肺动脉弓和左体动脉弓由心室右侧发出,右体动脉弓由心室左侧发出。肺动脉弓分为两支肺动脉入肺,左、右体动脉弓在背面后方合并成背大动脉,向后行。

4. 消化系统

消化管由前向后依次分为口、口腔、咽、食管、胃、小肠、大肠和泄殖腔。消化腺主要为肝脏和胰脏。

5. 呼吸系统

由鼻、喉、气管、支气管和肺组成。喉头以下纵行于颈部腹面的1条细管,由软骨环支持。气管后端的分支为支气管,左右两支气管分别进入左右肺。肺紧贴在背甲的内表面,左右两叶,呈长囊状、海绵状。

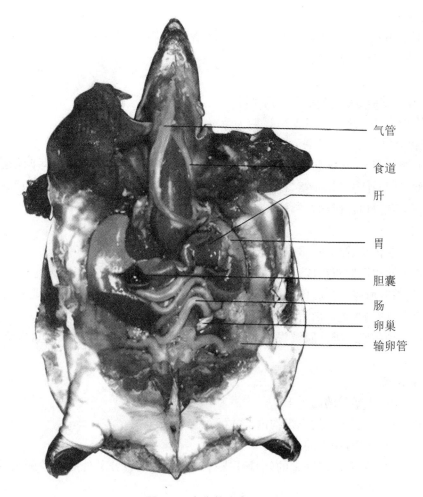

图 8.5　中华鳖的内部解剖

6. 排泄系统

由肾脏、输尿管和膀胱组成。肾脏 1 对,呈扁平状,较大,紧贴腹腔背壁。输尿管由肾脏发出,向后延伸,通入泄殖腔。膀胱较大,在直肠腹面,囊状,开口于泄殖腔。

7. 生殖系统

雌、雄异体。

(1) 雌性:包括 1 对卵巢和输卵管。卵巢在腹腔后部,形状不规则,随季节不同而变化,平时含米粒状卵泡,繁殖季节,腹腔内充满了成熟的卵。输卵管 1 对,弯曲回转于卵巢外侧,前端呈喇叭状,开口于体腔,喇叭口与肠系膜粘连。后端开口于泄殖腔背面。

(2) 雄性:睾丸 1 对,黄色而呈卵圆形,位于肾脏前端的内侧。睾丸上方有附睾 1 对,后连输精管通入泄殖腔阴茎基部。阴茎位于泄殖腹腔壁。

8. 装瓶

装瓶前可以从过渡液里取出标本,如需在器官上标字,则可稍作冲洗晾干,将事先准备好用不脱色黑油印好字的硬纸片修整成小块,然后按名称用双管胶或蛋白将字片粘上,待干后即放入标本瓶配液保存。

9. 封瓶

一般不采用永久封瓶法,以便保存一段时期后,可以换液保持透明观察,因之常以熔蜡封口即可,然后在瓶外贴标签。

8.4.4 鸟类剖浸标本的制作

1. 取材

取活家鸽一只,一手握住其双翼,另一手紧压胺部;或以拇指和食指压住两侧蜡膜,中指托住其颏部,使鼻孔与口均闭塞,1~2 min 后,鸽子因窒息而死。等鸽体冷后即可解剖(也可用少量脱脂棉花浸以乙醚缠在鸽的嘴基使其麻醉致死)。

2. 消化系统

由消化道和消化腺构成,重点展示腺胃和肌胃。

鸽的胃由腺胃和肌胃组成。腺胃又称前胃,上端与嗉囊相连,呈长纺锤形。穿过心脏的背方,被肝的右叶所盖。具右侧有卵圆形的脾脏,贴于肠系膜上。剪开腺胃观察内壁上的消化腺。肌胃又称砂囊,上连前胃,位于肝脏的右叶后缘,为一扁圆形的肌肉囊。剖开肌胃,检视呈辐射状排列的肌纤维。肌胃胃壁硬厚。内壁覆有硬的角质膜,呈黄绿色,内藏砂粒用以磨碎食物。

3. 呼吸系统

外鼻孔:开口于蜡膜的前下方。

内鼻孔:位于口顶中央的纵走沟内。

喉:位于舌根之后,中央的纵裂为喉门。

气管:一般与颈同长,以完整的软骨环支持。在左右气管分叉处有一较膨大的鸣管,是鸟类特有的发声器官。

肺:左右二叶。位于胸腔的背方,为 1 对扩展为较小的实心海绵状体。

气囊:与肺连接的数对膜状囊分布于颈、胸、腹和骨骼的内部。

4. 循环系统

心脏位于躯体的中线上,体积很大。用镊子拉起心包膜,然后以小剪刀纵向剪开。从心脏的背侧和外侧除去心包膜,可见心脏被脂肪带分隔成前后两部分。前面褐红色的扩大部分是心房,后面颜色较浅的为心室。靠近心脏的基部,把余下的心内膜、结缔组织和脂肪清理出去,暴露出来的两根较大的灰白色管子是无名动脉。无名动脉分出颈动脉、锁骨下动脉、肱动脉和胸动脉,分别进入颈部、前肢和胸部(锁骨下动脉为无名动脉的直接延续)。用镊子轻轻提起右侧的无名动脉,将心脏略往下拉,可见右体动脉弓走向背侧后,转变为背大动脉。沿途发出许多血管到其他内部器官。再将左右无名动脉稍提起,可见下面的肺动脉分成二支后,绕后背后侧而到达肺脏。

5. 泌尿系统

(1) 排泄系统

肾脏:紫褐色,左右成对,各分成 3 叶,贴附于体腔背壁。

输尿管:沿体腔腹面下行,通入泄殖腔。鸟类不具膀胱。

泄殖腔:将泄殖腔剪开,可看到腔内具 2 横褶,将泄殖腔分为 3 室,前面较大的为粪道,直肠即开口于此;中间为泄殖道,输精管(或输卵管)及输尿管开口于此。

(2) 生殖系统

雄性:具成对的白色睾丸伸出输精管,与输精管平行进入泄殖腔。多数鸟类不具外生殖器。

雌性:右侧卵巢退化。左侧卵巢内充满卵泡。有发达的输卵管。输卵管前端借喇叭口通体腔;后方弯曲处的内壁富有腺体,可分泌蛋白和卵壳,末端短而宽,开口于泄殖腔。

家鸽剖浸标本如图 8.6 所示。

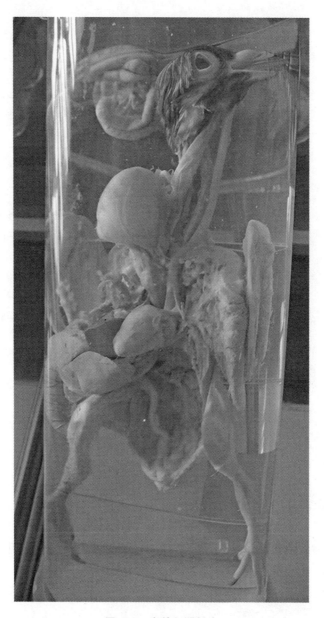

图 8.6 家鸽剖浸标本

8.4.5 哺乳类剖浸标本的制作

1. 解剖

在家兔的耳部找到血管,注射入空气,待兔死后进行解剖。将兔固定于解剖盘,用水沾湿腹中线处的兔毛,并沿中线将毛分开,以免兔毛飞扬。在尿殖孔处提起皮肤,先剪一横裂,伸入皮下纵剪,打开肌肉层(图 8.7)。

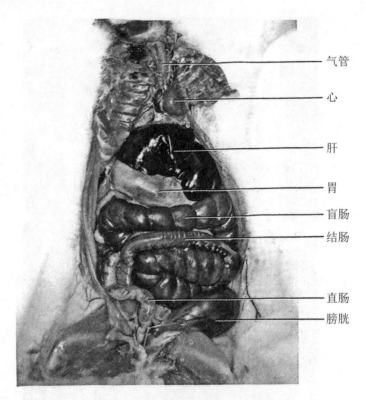

图 8.7 家兔内部解剖

2. 消化系统

(1) 唾液腺:剥开头部的皮肤,观察 3 对唾液腺(耳壳基部的耳下腺,下颌内侧的颌下腺和舌下腺)。

(2) 消化管:食道、胃、十二指肠、空肠、回肠、结肠和直肠。

(3) 消化腺:

肝脏:体内最大的消化腺体,位于腹腔的前部,呈深红色,具胆囊,胆汁沿胆管进入十二指肠上端。

胰脏:散在十二指肠的弯曲处,是一种多分支的淡黄色腺体,有数条胰腺管开口于十二指肠。

3. 呼吸系统

(1) 喉头:将颈部腹面的肌肉除去,以便观察,喉头为一软骨构成的腔。喉头顶端有一很大的开口即声门,喉头的背缘有会厌,会厌的后侧为食道的开口,喉头腹面的大形盾状软骨为甲状软骨,其后方为围绕喉部的环状软骨。环状软骨的背面较宽,其上有1对小的突起为杓状软骨。喉头腔内壁上的皮肤褶状物为声带。

为了继续观察,须剪开颈部后面的肌肉并打开胸腔,用骨剪剪断肋骨,除去胸骨,即可观察胸腔内部构造。

(2) 气管:由喉头向后延伸的气管,管壁由许多软骨环支持,软骨环的背面不完整,紧贴着食道。气管向后伸,分成两支进入肺。在环状软骨的两侧各有一扁平椭圆形的腺体为甲状腺。

(3) 肺:气管进入胸腔后,分二支入肺,每支与肺的基部相连。肺为海绵状器官,位于心脏两侧的胸腔内。

4. 排泄系统

肾脏为紫红色的豆状结构。位于腹腔背面,以系膜紧紧地连接在体壁上。由白色的输尿管连于膀胱通连尿道(雄性尿道大部分在阴茎内)。

5. 生殖系统

雌、雄标本可于解剖之后,交互观察。

雄性生殖系统:睾丸(精巢)为1对白色的豆状物。家兔的睾丸在繁殖期经鼠蹊管下降到阴囊中;非繁殖期则缩入腹腔内。阴囊以鼠蹊管孔通腹腔。在睾丸端部的盘旋管状构造为附睾。由附睾伸出的白色管即为输精管。输精管经膀胱后面进入阴茎而通体外。在输精管与膀胱交界处的腹面,有1对鸡冠状的精囊腺。

雌性生殖系统:在肾脏下方的紫黄色带有颗粒状突起的腺体为卵巢。卵巢外侧各有一条细的输卵管。输卵管借端部的喇叭口开口于腹腔。输卵管下端膨大部分为子宫。

6. 循环系统

(1) 静脉系统

围心腔位于胸腔中央。细心地剪开围心腔,观察心脏及其周围的血管。心脏肌肉壁最厚的地方是心室,心室上面的两侧为心房。

(2) 动脉系统

将一侧的前大静脉结扎起来,然后剪断;去掉脂肪以便观察心脏附近的大血管。大动脉弓由左心室发出,稍前伸即向左弯走向后方,在贴近背壁中线,经过胸部至腹部后端的动脉,称为背大动脉。大动脉弓分出3支大动脉管,最右侧的为无名动脉,中间的为左总颈动脉。最左侧的为左锁骨下动脉。

8.5 脊椎动物器官和系统剖浸标本制作

8.5.1 保持内脏原色的方法

1. 凯塞尔林氏方法

这种方法可以保持脊椎动物哺乳类内脏的自然色泽,效果较好。

(1) 固定。取出刚杀死动物的内脏,浸在固定液里。内脏不要跟水接触,因为水会引起红细胞溶解,使标本褪色。

用 200 mL 福尔马林、15 g 硝酸钾和 30 g 醋酸钠,加 1000 mL 水,配成固定液。固定液中的盐类能防止红细胞变形,促进福尔马林渗透到器官的深处。将标本浸入固定液以前,用棉絮蘸足固定液,垫在器官之间,使器官保持正常位置,再将蘸足固定液的棉絮垫在瓶底,并盖住整个器官,固定液要超过器官容积的 3～4 倍。

标本在上述溶液中会结实起来。这时血液里的血红素变成高铁血蛋白,标本就失去自然色泽,呈现乌褐色。器官停留在固定液中的时间,根据器官的大小和结构而有所不同。要使标本变得均匀而结实,最好把它一直浸在这溶液里,直到显出需要的颜色为止。如果挤压标本时不会流出淡红色的血液,这才可以认为标本停留在固定液中的时间已经足够了。

（2）还原。将固定后的标本放在水里洗涤后,用棉絮和滤纸吸干水分,再浸在 85%～95%酒精里。在用酒精处理时,器官的颜色会较快地恢复。这是由于高铁血红蛋白转化为新的化合物——变性血红素所致。如果标本在固定液里放得太久,形成稳定的高铁血红蛋白,就不能再转化成变性血红素了。

标本要在酒精里浸 6～24 h,直到组织恢复自然色泽为止。但是不能浸得太久,否则色素被破坏,器官就会脱色。

（3）保存。颜色恢复以后,将标本放在流水中冲洗干净,再放在保存液里保存,封包瓶口。保存液的配方如下：

甘油　200 mL

醋酸钠　100 g

百里酚(麝香草酚)　3 g

水　1000 mL

2. 萧尔氏方法

与凯塞尔林氏方法不同之处主要是保存液。萧尔氏用 100 g 食盐溶在 1000 mL 热水里,用棉絮过滤,在滤液里加入 150 mL 95%酒精和 1000 mL 甘油,配成保存液。标本在该液中至少浸 2 个星期。取出后放入洁净干燥的标本瓶内,干燥保存。为不使标本瓶的内壁蒙上水汽,在瓶底铺一层干燥棉絮,将瓶口封好。

8.5.2 脊椎动物器官比较标本制作

在动物由低级向高级、由简单向复杂的演化中,为了说明其间的关系,我们需要用比较解剖学的手段制作标本,用以示范教学。

一般常用的是制作脊椎动物五纲的脑、心脏、肺等标本,制成比较解剖浸制标本供用,说明生物器官的演化。

1. 脊椎动物五纲的脑的比较标本

（1）取兔、鸽(或鸡)、龟、蛙(或蟾蜍)、鱼的头部。剥去兔、鸽头部之皮肤,去掉除鱼外的各头的下颌。

（2）在各个动物的头顶上,小心剪开头盖骨,露出脑,以笔蘸足 15%的福尔马林涂入脑上渗入组织,盖上含 15%的福尔马林的药棉,2 h 后,移入过渡液固定 2 周。

（3）除鱼外,将各头浸入脱钙液(5%硝酸或 5%醋酸或 38%盐酸 5～10 份,福尔马林 2

份,水 88~93 份)直到脑颅软化为止,即取出漂洗。

(4) 小心地用剪刀一块一块剪除脑颅,至露出全脑及眼球,即取出置清水或过渡液内保存。

(5) 取出各脑,浸入 10~15% 过氧化氢溶液里漂白 24~36 h。

(6) 取出漂白脑,置清水中,剪去漂浮的脑膜及眼球边的软组织。

(7) 取出置解剖板上,整理摆好位姿,稍晾后,涂上 15% 的福尔马林,约 2 h 使其硬化,再置清洁过渡液 2 天。

(8) 取出用清水轻轻洗去残液,上载板,贴标签,加入 10% 的福尔马林,封瓶保存。

2. 脊椎动物五纲的心脏的比较标本

我们在制作这方面的标本时,应注意节约材料,例如前述中已取各动物的头,那么各动物的心脏、肺以及消化、泌尿生殖诸系统均可取下,另作其他用途之标本,在操作上可逐个系统地进行剖取,未轮到的均可放保存液里保存待用。

8.5.3 脊椎动物神经系统标本制作

以家兔为例,介绍神经系统分离浸制标本制作。

(1) 取材:取活家兔一只,体重 0.2~0.3 kg,割断颈动脉放血杀死,剥掉皮,剖开腹壁取出内脏,用清水冲洗干净。从鼻腔插入针头,针尖穿过筛骨,向脑部注射 1 mL 左右 5% 福尔马林。注射完毕,让材料在 5% 福尔马林里浸一周左右。

(2) 骨骼软化:从福尔马林里取出材料,转浸在脱钙液里 18~24 h。脱钙液是用 15 mL 38% 盐酸、2 mL 40% 福尔马林和 83 mL 水配成的。在脱钙液中浸 18~24 h,等到骨骼软化,就从脱钙液中取出材料,放入清水中漂洗。

(3) 分离神经(图 8.8):将经过脱钙液处理的兔材料放在解剖板上,分离神经。

① 分离肱神经丛:在背部剪开第一到第五胸椎,露出白色的脊神经和肱神经丛。顺着神经行走方向,从肌肉中分离出肱神经丛,一直分离到腕骨。

② 分离腰荐神经丛:在背部剪开腰椎和荐椎,露出脊神经和腰荐神经丛。顺着神经行走方向,从肌肉中分离出腰荐神经丛,一直分离到足骨。

③ 分离脊髓:从胸腔的腹面剪开胸椎,露出胸部脊髓和脊神经,然后小心地剪开胸椎、腰椎和荐椎,并把脊椎骨陆续除去,将脊髓和每一节的肋神经从骨骼中分离出。再剪开尾椎,分离出尾部神经。

④ 分离颈部脊髓和脑:从下颌旁边分离出三叉神经,并将下颌骨全部除去。剪开颈椎,分离出脊髓和脊神经,再在小脑处剪开脑颅,仔细地除去直至整个脑颅。最后分离出眼球。

(4) 漂白:将分离的神经系统浸入 10%~15% 过氧化氢溶液里漂白 24~36 h。等神经系统变为洁白时取出,放在清水里漂洗。

(5) 整修:将经过漂白的神经系统放在清水里整修,剪除不必要的组织,然后定形。将神经系统标本放在玻璃片上(插入标本瓶内用),摆好姿势,用丝线缚在玻璃片上。用毛笔蘸足 40% 福尔马林,涂在神经系统标本上。将标本放在一旁,2 h 以后神经系统硬化,浸在 10% 福尔马林过渡液里。1—2 周后从过渡液内取出神经系统,放在清水里漂洗,然后装瓶、封口、包口。

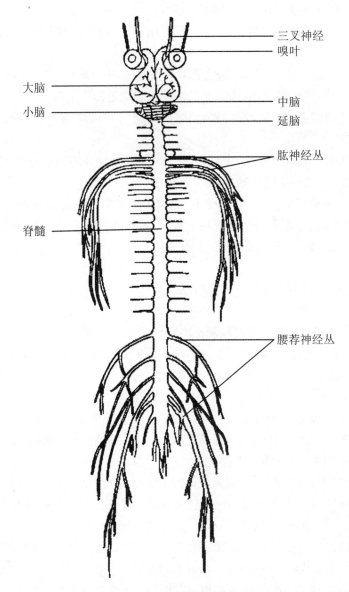

图 8.8 兔神经系统（自郑光美）

8.5.4 脊椎动物消化系统标本制作

以家兔为例，介绍消化系统分离浸制标本制作。

(1) 取材：选用体形完整的小兔一只，体重 250~300 g，让它饿一天，消除肠内的积食。然后用乙醚处死，冲洗干净后解剖。

(2) 解剖：把兔子的腹面朝上放在解剖板上，用大头针钉在四肢的指掌和趾掌上，用镊子提起腹壁下角的皮肤，作一切口，从切口处插入剪刀，沿正中线剪开皮肤，一直剪到下颌骨两半（下颌枝）所形成的角，再在肩带和腰带处向左右剪，做横切。然后把皮肤由切口向左、右两侧分离。分离皮肤时用手指撕离，在连接较紧的地方用解剖刀割开，用大头针把分离的皮肤固定在解剖板上。显露口腔和咽,剪开颈部肌肉,剪去胸壁和肋骨,剖开腹壁,翻向两侧,除去膈膜。现在可剥离出从口到肛门的消化系统。为了便于观察,尽量剪除其他器官。家兔消化系统如图 8.9 所示。

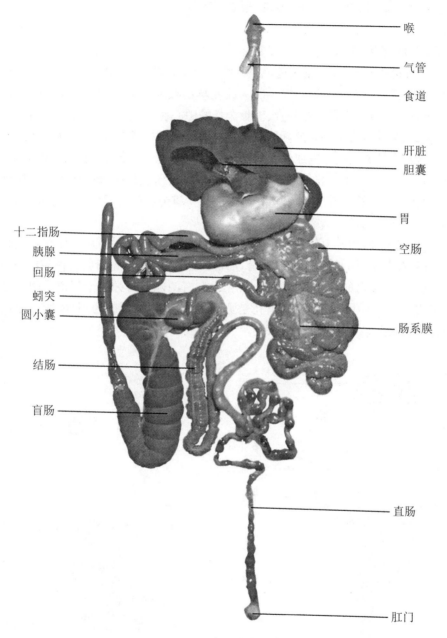

图 8.9　家兔消化系统

（3）定形:用冲骨髓腔方法,冲除兔子肠内的粪便。在解剖板上划好玻璃片的长和宽,各器官的位置应该放在长和宽的划线内。拉出食管,下面垫入棉絮。把胃拉平,朝上掀起肝脏,显露胆囊。在小肠旁放胰腺。将盲肠拉向玻璃片旁,再将大肠和直肠按曲度放好。所有器官安排好位置后,都要衬垫药棉,然后用毛笔蘸 40% 福尔马林,涂在标本上,前后涂两次。2 h 硬化后,将标本浸在过渡液里。

(4) 整修：从过渡液内捞出标本，用水漂洗干净，进行修剪和整理。上玻璃片、装瓶、封包瓶口，在瓶外贴上标签。

8.5.5 脊椎动物泄殖系统标本制作

以家兔为例，介绍泄殖系统分离浸制标本制作。

(1) 取材：选择成年的雌、雄家兔，割断颈动脉，放血杀死，剥皮。

(2) 解剖：将剥去皮的家兔冲洗干净。放在解剖板或盘上，剖开腹部。剔除骨盆肌，更好地暴露耻骨和坐骨。用骨钳在耻骨、坐骨全长的中心切断，挖出排泄生殖系统。挖出泄殖系统后所剩头、胸部材料不要弃掉，可以制作呼吸系统标本。肾脏是一对樱桃色豆状致密器官，紧贴在腹背脊柱的两侧。输尿管是根很光滑的白色管，一端从肾脏内侧向后方发出，另一端连接膀胱。膀胱位于腹腔最后端侧面，是梨形的薄壁囊。膀胱后部缩小成膀胱颈。雌兔的膀胱颈转变成短的尿道，尿道开口在阴道前庭。雄兔的膀胱颈连接一根长管，叫作泄殖管。以上是雌、雄兔的排泄系统。

雌兔的生殖系统（图 8.10A）：卵巢一对，呈扁椭圆形，由特别的系膜挂在腹腔背面的两侧。输卵管是挂在系膜上的一对弯曲细管，前端成漏斗状，跟腹腔相通。每一根输卵管的后端扩大而成子宫。子宫的管径比输卵管大得多，左右两侧子宫融合于阴道。阴道是一根宽阔的管，它的后端转为阴道前庭。生殖孔是宽阔的纵裂隙，以阴唇为周界，所以要挖去周围少量体壁，才能取出雌兔的全部泄殖系统。

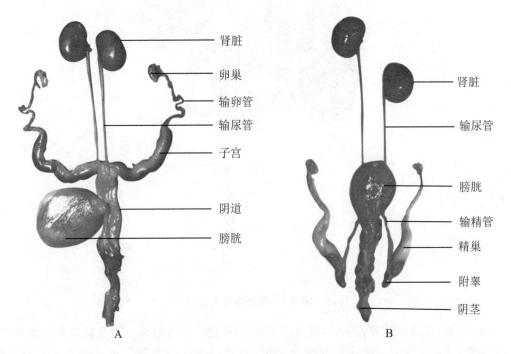

图 8.10　家兔泄殖系统
A. 雌；B. 雄

雄兔的生殖系统（图 8.10B）：睾丸一对，白色，呈卵圆形，每一对睾丸的背侧有附睾。输精管是细长的管道,从睾丸发出,经过腹股沟管进入腹腔。开口在泄殖管,在耻骨联合背侧进入阴茎。阴茎由两个海绵体组成,挖去海绵体周围的体壁,就能取出全部泄殖系统。

(3) 定形:按玻璃片插入标本瓶内的宽度,将挖出的雌、雄排泄生殖系统依次排列在解剖板上。

(4) 修整:从过渡液里取出标本,用水漂洗,放在解剖板上剪去多余组织。上玻璃片、装瓶、封瓶包口。

8.5.6 脊椎动物呼吸系统标本制作

以家鸽为例,介绍呼吸系统浸制标本制作。

(1) 材料:选取体形完整的活家鸽,用乙醚处死后拔掉全身的羽毛,用大头针将它钉在解剖板上。为了在注射时能随时看到注入的填充剂是不是流进腹部气囊中,必须暴露腹气囊。方法是在鸽腹部的外斜肌处切开皮肤,轻轻地拉起腹肌,剪开一个小口,就能看到贴靠在小肠周围有透明薄膜的腹气囊。再将切开的小口剪得大些,以便观察清楚。鸽的腹部充满透明的腹气囊,切开腹壁时必须细心,以免损伤它。

(2) 注入填充液:取 5 g 明胶,放在 50 mL 水里泡软,一天后隔水加热,直到明胶全部熔化。在熔化的明胶内加入 2 g 黄色颜料(耐晒黄 G)充分搅拌,用两层纱布过滤。将滤液隔水加热,配成填充液。在注射时如果填充液太稀,要加入适量的热水调稀。

气囊和气管是连通的,填充液只要注入气管,就能进入气囊。在靠近支气管前一段的气管下穿两道距离 2 cm 左右的扎线。将 9 号针头向后插入这两道扎线之间的气管中,随后扎紧这两道扎线。扎紧第一道扎线的目的是阻塞气管;扎紧第二道扎线的目的是将气管和针头缚牢,不使填充液向上回流或从插针孔旁边溢出。将注射器吸满约 2/3 填充液,套上针头,开始用力推动注射器的筒芯,将填充液注入气管流入肺部,再流向各气囊中。在注射时,用右手握住注射器,左手用镊子轻轻拨开腹壁切口,随时观察,看填充液是不是已经均匀地流到腹气囊。注液 20~25 mL 后全面检查一次。这时右手仍要握住注射器,更不能拔出针头,否则填充液会立即从插针孔流出。经检查后如果腹气囊露出均匀的黄色,可以结束注射,小心地拔出针头,并立即扎紧扎线。

注射完毕,将鸽子背朝上、腹向下平放 1~2 h。这样做是使注入的填充液在冷却前能从背面流入腹部气囊。等注液完全冷却凝固后,再全面检查,如果个别气囊没有被注到,可以直接插入注射器补充。最后放开并抽掉两道气管扎线,把鸽子浸在 10% 福尔马林里。家鸽的气囊和管道如图 8.11 所示。

(3) 整修:1—2 周以后从福尔马林中取出标本,用水冲洗,进行修剪、整形。割除嗉囊,剪去翅膀和大腿上的大块肌肉,然后再剪去颈部的皮和胸部的肌肉。在修剪时不要损坏气囊。接下来将附着的碎肉剔除干净。保留骨骼以保持整个标本的完整。随后做比较细致的整理工作,除了保留内脏和气囊外,其余的碎肉和杂物如注射时溢出的填充液应清除干净。

(4) 最后将修剪、整形的标本缚在玻璃片上,浸在过渡液里,一周后可以装瓶,封包瓶口。

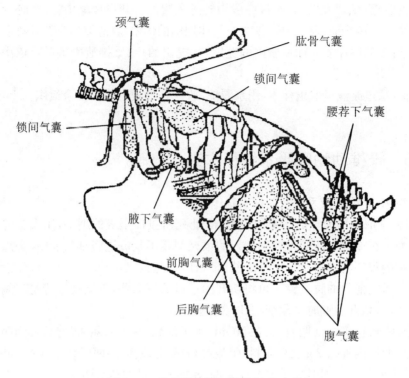

图 8.11　家鸽的气囊和管道(自郑光美)

第9章 脊椎动物骨骼标本制作

9.1 概 述

9.1.1 普通骨骼标本

普通动物骨骼标本是指从各种动物中采集、制备和保存的骨骼样本,用于学术研究、教学或展示。这些标本涵盖的动物种类广泛,包括哺乳动物、鸟类、爬行动物、两栖动物、鱼类等。这些标本通常通过一系列处理步骤,如剔除肌肉和内脏、腐蚀、脱脂、漂白等,以确保其质量和耐久性。

9.1.2 透明骨骼标本

透明骨骼技术采用化学试剂将肌肉组织透明化,并用不同的染色剂如茜素红、阿利新蓝分别将硬骨和软骨原位染色,所制成的透明骨骼标本形态逼真、色彩艳丽,既是科学上研究动物骨骼构造及演化的有效工具,又能用美丽而奇幻的构型丰富我们的艺术涵养,从科学中欣赏到艺术,从美学中学习到知识。

9.2 普通骨骼标本制作

9.2.1 试剂和耗材

骨骼标本制作中常用的药品主要分为三大类,包括腐蚀剂、脱脂剂和漂白剂。此外,制作骨骼标本还需要使用一系列工具。

(1) 腐蚀剂。氢氧化钠(NaOH):用于腐蚀和清除骨骼上残留的肌肉,使骨骼结构清晰;氢氧化钾(KOH):类似于氢氧化钠,也可用于腐蚀骨骼上的软组织。

(2) 脱脂剂。汽油:有机溶剂,用于溶解、清除骨骼和骨髓中的脂肪;二甲苯:另一种有机溶剂,也常用于脱脂过程。

(3) 漂白剂。过氧化钠（Na_2O_2）：用于漂白骨骼，使其更清晰、白净；过氧化氢（H_2O_2）：与过氧化钠类似，用于漂白骨骼。

工具有解剖刀、解剖剪、镊子、钢丝钳、电钻、钻头、注射器、注射针、钢锯、天平等。

9.2.2 基本步骤

1. 剔除肌肉

实验室内通常采用蒸煮法进行处理，处理时间短，异味小。适用于小型动物骨骼，是制作小型标本的简便方式。

2. 腐蚀

腐蚀是用于进一步清理骨骼上残留的肌肉和软组织。常选择氢氧化钠作为腐蚀剂分解或溶解骨骼上残留的软组织。将需要清理的骨骼浸泡在氢氧化钠溶液中，等残余组织变得透明后，使用塑料刷和钢丝刷进行刷洗，但是要注意操作时需要戴橡胶手套，避免溅到衣服和皮肤上。

3. 脱脂

脱脂是标本制作的一个关键步骤，旨在去除骨骼中的脂肪，以防止标本在日后变黑或变黄。为了去除骨骼中的脂肪，我们常选择95%的乙醇溶液对标本进行处理。将需要脱脂的骨骼或标本浸泡在95%乙醇溶液中，处理时间通常为1～2天。乙醇对软骨和关节韧带有良好的固定作用且对骨骼本身无影响。

4. 漂白

在制作骨骼标本过程中，漂白剂的使用需要谨慎，因为漂白剂可能会对骨骼和关节韧带产生一定的腐蚀作用。因此对于漂白剂的使用，需要根据具体情况进行合理的浓度、处理时间控制，并定时检查标本的漂白情况，以确保最终制得的骨骼标本质量良好、完整无损。

5. 整形与装架

（1）骨骼的预备：将动物骨骼按照特定的顺序排列，通常是按照头骨、颈椎、胸椎、腰椎、尾椎的顺序排列，左右肋骨也要依次排列，最后是左右肢骨、肩胛骨和盆骨。确保骨骼排列的顺序正确，每块骨头都放置在合适的位置，并且与相邻骨骼对齐。

（2）预装：选择适当的造型，并准备好参考图片。根据参考图片预先画出骨骼的形态，这有助于在实际操作中更准确地摆放骨骼。将骨骼按照参考图片的造型摆放和调整。对于大型骨骼，可以开始钻孔，用钓鱼线、铜丝或者铁丝串联。在串联过程中，注意折弯关节角度，但不要黏死，以便后续调整。可以使用拔插的方式暂时固定，待确认造型后再进行下一步黏接。

6. 小型动物骨骼的黏接

对于小型动物的骨骼，可以直接使用速干胶进行黏接。常用的胶水包括502胶或101胶，它们都是速干型胶水，对于小骨骼十分适用。

在使用502胶或101胶时，需要注意502胶对湿气反应明显，皮肤碰到后会起白皮。因此，在使用过程中，应尽量避免接触皮肤，并保持工作环境通风良好。

7. 大型动物骨骼的串联

对于大型动物的骨骼，需要先进行钻孔后再使用铜丝、铁丝甚至是钢筋串联起来。这种方法可以确保骨骼之间的连接更牢固稳定。

在进行串联之前,需要事先测量好骨骼的高度和长度,包括全长、肩高、臀高、胸围、颈长、尾长等尺寸。这有助于确定正确的串联位置和长度。

9.2.3 常见动物骨骼标本的制作

1. 鱼类(鲫鱼或鲤鱼)骨骼标本的制作

(1) 所需用品

新鲜鲫鱼、鲤鱼、草鱼,体型正常,解剖刀、手术剪刀、手术镊子、解剖针、NaOH 溶液、乙醇溶液、H_2O_2 等。

(2) 标本制作过程

① 标本清洗及生物学指标测定:对于表面污渍清洗,使用清水彻底清洗新鲜标本的表面污渍。可以将标本放置在流动的自来水下轻轻冲洗,以确保彻底清除污渍和杂质。对于较顽固的污渍,可以使用软毛刷轻刷标本表面,但要注意不要损坏标本的组织和结构。对于表面有黏液的标本,可以使用干净的毛巾或纱布轻轻擦拭。确保使用柔软的材料,并且轻柔地擦拭,以避免对标本造成损伤。对于特别黏稠的黏液,可能需要多次擦拭或者用清水冲洗,直至完全清除。

对新鲜标本测定其各项生物学参数,如测量其体重、体长、全长等各项生理指标,这些数据可用于后续的试剂用量估算和制作效果评估。根据标本的生物学指标,合理估算试剂用量,并且在制作过程中根据需要进行调整和修正,以确保标本制作效果达到预期。

② 皮肤剥离、内脏去除:活鱼需要进行窒息处理,之后使用刀具轻轻刮掉鱼身表面的鳞片。注意保持刮除的方向,通常是从鱼的头部向尾部刮除。使用干净的毛巾或纱布擦拭鱼体表面,清除残留的黏液和杂质,然后进行皮肤剥离、内脏去除。

使用解剖刀从鱼类标本背正中的枕骨大孔开始轻轻划开皮肤,在此过程中,要格外注意不要损伤背鳍。在各鳍处紧贴鱼鳍四周划开皮肤,再用镊子及解剖刀从背部到腹部,由头部到尾部剥去皮肤。从腹部中线开始剪开到肩带后方大约 1 cm 处。注意不要损伤内脏器官,去除鱼类的所有内脏器官,包括消化道和生殖道,随后用水冲洗鱼体内部,确保将残留的内脏和血液清洗干净,以确保标本干净整洁。

③ 取咽颅:沿着下颌中线与鳃盖交界处的结缔组织剪开,露出基舌骨,用镊子将基舌骨向上撬起,直至显露下舌骨的两边。使用镊子将鳃条骨通过系膜与下舌骨相连的部分分离,将下舌骨和角舌骨表面的系膜分离后,观察到角舌骨和茎舌骨连接处与鳃盖内侧间有关节。将尾舌骨埋藏于峡部与喉部的肌肉用镊子轻轻剥离,暴露尾舌骨。沿尾舌骨边缘将喉部剪断,使喉部与咽颅分离。切断肩带上的匙骨内侧面和咽颅咽骨连接的肌肉,使咽颅的上端分离出来。再次将基舌骨向上撬起,发现其腹面的口咽腔底壁,将其全部清除。轻柔地将咽鳃骨与角质层分开,小心地分开,以免角质垫脱落。切断咽颅两边和肌肉连接的部位,把咽颅底部分离开来。将咽颅从鱼体内取出,并进行后续处理。

④ 粗剔及细剔:从鱼的背部开始,用解剖刀或手术剪刀剔除体侧表层大侧肌,直到暴露出肋骨。剔除肌肉时要小心操作,避免损伤鱼体的其他组织和结构。将肋骨处的肌肉剔除,以便更清晰地观察肋骨的结构和连接情况。注意在剔除肋骨游离端肌肉时越薄越好,以免

伤及肋骨,把肌肉沿着脊柱分成两部分,以便更好地观察脊柱结构。对于肋骨表面的肌肉,顺着肋骨的方向用镊子轻轻撕下,确保肌肉剔除得越薄越好。在剔除其他部位的肌肉时,可以使用解剖刀竖直划开几道,再用镊子沿着刀口竖直向下或向上大块剥离肌肉,就可以清楚地看到神经棘和髓棘结构。细剔是在肋骨处,肌肉顺着肋骨的方向相对较易清除,可以沿着肋骨的纹理和方向用解剖刀或镊子轻轻剔除肌肉。注意在反肋骨方向清除肌肉时可能会稍显困难,需要小心操作,避免损伤肋骨。对于较大的新鲜标本,肋骨较长,可以使用两把镊子同时剔除肌肉。两把镊子相离较近时,更容易用力,并且不易将肋骨折断。除肋骨部分的肌肉外,余下部分的肌肉可使用解剖刀和镊子,沿着髓棘和脉棘方向慢慢剔除,剔除至髓棘与脉棘处时,会留下薄薄的一层系膜。这时要小心操作,确保不损伤这些重要的结构。

⑤ 处理头部、鱼鳍及其支鳍骨:清除眼窝内的内含物,并小心保留围眶骨周围的皮肤,以防止破坏。将眼腹面鳃区前的月牙形肌肉移除,注意不要损伤下颌收肌。然后清洗脑颅内含物,必要时用镊子小心剔除。剥离除眼周围以外的头部其他部分的皮肤,特别要小心上下颌部分的骨骼。清除胸鳍及肩带的肌肉,但要小心不要损坏两肩带的连接处。清除臀鳍以及背鳍支鳍骨处的肌肉,首先用镊子将大块的肌肉分离出来,再用解剖针小心地去除残余的部分,只留下一层很薄的结缔组织,使其与周围的组织相连。最后,去除尾鳍上的尾椎骨处肌肉,方法类似于处理支鳍骨处肌肉的步骤。

⑥ 处理咽颅及腹鳍、腰带:用清水冲洗咽颅,清除血液和食物残留物。新鲜标本的鳃丝比较软,所以在处理鳃丝的时候,要先用一把镊子将鳃弓夹住,再用另一把镊子剥离鳃丝。且口腔底壁较柔软,因此在取咽颅时可以轻松清理干净。若未清除干净,可使用镊子小心剥离。在对咽齿进行清理时,因新鲜鱼的肉质较黏,所以咽齿之间的肌肉较难除去。这种情况下可以用解剖针将其一一去除。如果有未去除干净的部分,可将其放入氢氧化钠溶液中进行浸蚀,然后进行进一步的剔除。

⑦ 腐蚀:将已处理好的鱼类标本置于 0.5%～1% 氢氧化钠溶液中浸泡 10～12 h。浸泡时间可根据标本的体积而定。在浸泡过程中,要经常检查骨骼间的连接情况,以免因浸泡时间过长,骨骼之间的结缔组织受到侵蚀,从而使骨骼散开。在浸泡完毕后,用水将残余的氢氧化钠溶液冲洗干净。若仍然有未剔除干净的肌肉,可再次剔除。在细剔时,氢氧化钠溶液将残留的棘间系膜侵蚀,使其呈透明、柔软的状态,使用镊子小心地剔除即可。

⑧ 脱脂:用氢氧化钠溶液处理的骨骼在 95% 乙醇中浸泡 30 min。可视具体条件而适当延长浸泡时间,待标本表面无残留油脂即可。

⑨ 漂白:经过上一步骤之后,将处理后的标本置于 3%～5% 的 H_2O_2 溶液中,直至骨骼变成透明。因为 H_2O_2 溶液具有氧化性,一旦骨骼变白,要立即把标本取出来。如果未及时取出标本,可能会导致骨骼软化甚至散架。

⑩ 整形装架:漂白后要观察骨骼是否弯曲,若骨骼弯曲,则应选择一条长度超过骨骼总长度 1/3、平滑、直径适中的木棒。将木棒插入鱼骨口,然后用尼龙线系于脊柱上,使脊柱呈自然的状态。待骨骼干燥后,将其置于骨架台上即可。

鲤鱼骨骼标本如图 9.1 所示。

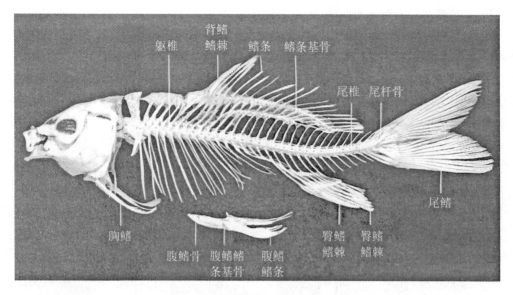

图 9.1　鲤鱼骨骼标本（自郑光美）

2．两栖类骨骼标本的制作

（1）所需用品

参考鱼类骨骼标本制作所需用品。

（2）标本制作过程

① 麻醉：准备一个封闭的容器用来做麻醉瓶。将浸泡过乙醚的棉球放入瓶中，再挑选一只比较大的活蟾蜍，将其放在麻醉瓶里，让其全身麻痹至四肢僵直，大概需要 10 min。

② 去皮、内脏及肌肉：麻醉后将蟾蜍置于解剖盘中，腹部朝上。左手将蟾蜍的腹部提起来，右手用剪刀沿着蟾蜍的腹部中线剪出一个 5 cm 长的小口，然后向上剪至下颌处，向下剪至泄殖孔，再用剪刀小心地剪开蟾蜍的皮肤，除去其外皮。注意，由于蟾蜍头部皮肤与骨骼紧密相连，不易去除，若用力则会造成骨骼损伤。接下来就是去除眼球操作，但要小心不要把蟾酥喷到身上。随后摘除内脏，使用解剖剪依次剪去躯干及四肢的肌肉。在剔除肌肉的过程中，要留意骨的连接处及跖骨、趾骨的肌肉不可剔得太干净，去除百分之七八十即可，以免在接下来的腐蚀脱脂步骤中骨骼散架。最后，用一根裹着棉布的解剖针，从标本的头部到躯干之间垂直插入，再搅拌，破坏延髓；把解剖针向后插入椎管并搅动，损伤脊髓。

③ 腐蚀与脱脂：本步骤对传统的方法进行了改进，具体是将蟾蜍骨骼放入 50 ℃质量分数为 4% 的 NaOH 溶液中处理 1~2 min，然后将标本取出并用水冲洗干净。这时标本头部剩下的皮肤和骨骼的连接就会变得松散。然后用刷子将附于骨上的残余部分肌肉刷掉，尤其要注意清理跖骨及趾骨上的细小肌肉。同时，对蟾蜍骨骼的每一个关节都要小心地处理，并保留好连接的肌腱。此过程可重复 1~2 次，并可随实验次数的增多而逐渐缩短骨骼在 NaOH 溶液中浸泡的时间。用这种方法进行脱脂大约需要 1 h。

④ 漂白：在漂白过程中，将蟾蜍骨骼放入体积分数为 10% 的双氧水中，漂白 15 min，期间需要更换一次液体。

⑤ 干燥及固定：在干燥和固定时，先将上一步骤处理好的标本取出用清水冲 3~5 min，再用吸水纸吸去多余水分。然后把骨骼置于 60 ℃的干燥箱里。干燥 20 min（也可以使用热

吹风机)。将蟾蜍骨骼烘至七八成干,然后将其取出放在底盘上,调整姿势。以合适尺寸的泡沫塑料托住标本的头部,将肱骨和桡尺骨、胫腓骨和跟距骨的关节,以及腕骨、趾骨和指骨,分别用乳胶粘贴在木制标本座上。最后,把制作好的标本放置在阳光照射的窗台上晾晒,晾干后放进标本柜保存。与传统的加工工艺比较,此方法制作过程具有良好的连续性,可在半个工作日内完成,且组装也更加简单,所制作的标本结构完整、造型优美,具有良好的教学效果。

蟾蜍骨骼标本如图 9.2 所示。

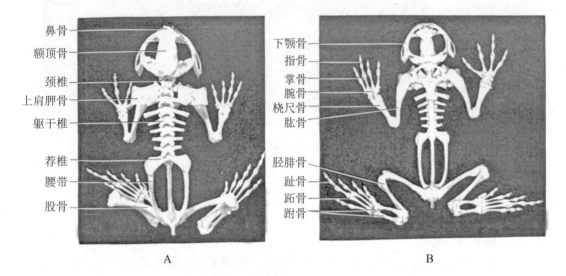

图 9.2　蟾蜍骨骼标本(自郑光美)
A. 背面;B. 腹面

3. 爬行类骨骼标本的制作

(1)龟类骨骼标本的制作

① 选择标本及标签:选取中等大小体型的活龟作为制作材料,制作标本时需要将背甲和腹甲连成活扇。连接后,将龟壳固定在托板上,可以使用钉子或者其他合适的固定装置。最后,在托板上贴上标签,标明龟的种类、采集地点和其他相关信息,以便于展示和学习时的识别和参考。

② 处死和剔除肌肉:先用乙醚将龟杀死,再用小锯将其腹部的甲切开,再用刀沿腹甲周围剖开皮肤和肌肉,取下腹甲挖出内脏,放入锅中煮至半熟,捞出后去皮和肌肉,把左右肩胛骨上端从颈椎板两侧割下,然后再剔净肌肉,背、腹甲表面的角质鳞可待腐蚀处理之后再行剔除。

③ 腐蚀和脱脂:针对龟类骨骼的腐蚀和脱脂过程,可以采用与兔骨骼相似的处理方法。

④ 漂白:对于龟类骨骼的漂白过程,亦可参照兔的骨骼标本制作方法进行。

⑤ 整形和装架:使用一根比较粗的铁丝,由龟骨骼的尾部向上穿过,直到头骨里。这样做可以形成骨干,固定整个骨骼结构。在背甲两侧的第二缘甲板边缘(即前肢肱骨的两侧位置)各钻两个小孔,然后使用尼龙线穿过孔中,把前肢的肱骨缚住,并使用白胶将肩胛骨的上端粘贴在颈骨板的两侧,以将前肢的带骨、肢骨与肩胛骨相连。在背甲和腹甲的一侧,安装

一小铰链将其相连,或者通过背腹甲的边缘穿过铜丝弹簧环,在背甲的腹面将弹簧和铜丝铆住。在另一侧安装小挂钩,使腹甲可以开启和关闭,便于观察。将整理好的龟骨骼标本固定在标本台板上。使用两根18号铜丝,将它们固定在背甲下侧的钻孔中,使其一端弯曲成"Y"形,并将下端固定在标本台板的底面。最后,可以将标本放在两面或一面装有玻璃的木盒中,便于观察。在盒内放置一些樟脑块,以帮助龟骨骼标本永久保存。

(2) 蛇类骨骼标本的制作

① 选择标本和标签:应选择新鲜的蛇作为骨骼标本材料,最好使用活蛇。活蛇的骨骼通常比较坚固,并且相对完整,这有助于制作高质量的骨骼标本。同时,在选择蛇时,务必确保其骨骼没有受到严重损伤或断裂,因为损伤的骨骼会影响标本的完整性和美观度。

② 处死和剔除骨肉:当捕捉蛇后,将蛇放入密闭容器内,然后使用乙醚等适当的麻醉剂将其麻醉死亡。在使用麻醉剂时,务必遵循安全操作规范。将已麻醉的蛇放在解剖盘上,用剪刀从腹部中央剪开,但距离头部和尾部要保持一定距离,以避免损伤重要的结构。在剖开的蛇腹部,小心地除去内脏,这个过程需要细心和耐心,以确保不损伤蛇的骨骼和其他重要结构。除去内脏后开始剥去蛇的皮肤,先从中央开始剪开,然后向头尾两端逐渐剥离。在剥皮的过程中,要特别注意头部和尾部,以避免损伤蛇的头骨和尾部。然后使用小刀和镊子,沿着脊椎两侧,小心地将肌肉剔除。务必注意不要损伤蛇的髓棘和肋骨,以保持骨骼的完整性和美观度。

③ 漂白:漂白蛇骨骼标本的方法可以选择氢氧化钾溶液、过氧化钠溶液或过氧化氢溶液,具体操作如下:使用氢氧化钾溶液漂白时,需将制作好的蛇骨骼标本放入3%氢氧化钾溶液中浸泡一两天;使用过氧化钠溶液漂白时,需将制作好的蛇骨骼标本放入0.5%~0.8%的过氧化钠溶液中浸泡1~4天;使用过氧化氢溶液漂白时,需将制作好的蛇骨骼标本浸入3%的过氧化氢溶液中,浸泡3~5天。在漂白过程中,需要定期检查骨骼的漂白情况,确保达到所需的洁白程度,以避免过度漂白或者软组织连接断开的情况发生。完成漂白后,及时将骨骼标本取出并冲洗,确保标本的质量和完整性。

④ 整形和装架:先穿连脊椎,使用一根铜丝从蛇的头端穿至尾端,将蛇的脊椎穿连起来。在穿连脊椎后,对蛇的骨骼进行整形。将骨骼整理成蛇生活时的适当姿态,确保每根骨头都处于正确的位置。如果发现有些骨骼散落或松动,可以先使用胶粘合。随后,将整理好的蛇骨骼标本用大头针固定在蜡盘或木板上。确保骨骼稳固地固定在基础上,以防止移动或摇晃。然后,将整套完整的蛇骨骼标本放在标本台板上。使用铅丝卡子将其固定在台板上,确保标本不会移动或掉落。最后,将制作好的蛇骨骼标本放入严密的玻璃盒中,以便观察和保护标本免受灰尘或损坏。

4. 鸟类骨骼标本的制作

(1) 基本流程

以家鸽为例,介绍鸟类骨骼标本制作的基本流程。

① 处死动物:使用合适的方法杀死家鸽,将已杀死的家鸽倒提,让其头部朝下,使颈部大血管处于较低位置。这样可以促使血液自然流出,确保血液完全排空,这样可以避免血液在骨骼标本制作过程中造成污染或其他问题。在血液排空后,将家鸽的身体表面清洁干净,去除残留的血液或污垢。完成以上步骤后,可以继续进行家鸽骨骼标本的制作,包括皮肤剥

离、肌肉去除、腐蚀、漂白和整理等步骤，以制作出洁白、完整的家鸽骨骼标本。

② 剥皮：从鸽子的腹部中央开始，纵向切开，并向两侧将全身皮肤剥下。

③ 去内脏、剔除肌肉：切开腹壁肌肉，去除内脏。从龙骨突起的两侧用剪刀除去胸部肌肉，先除去躯干、四肢等部位的肌肉，最后除去舌、眼、颈部周围的肌肉。

④ 腐蚀：将剔除肌肉的骨骼用清水冲洗干净，浸泡在2%氢氧化钠溶液中11 h，然后浸泡在3%氢氧化钠溶液中1 h，使剩余的肌肉在氢氧化钠溶液的作用下变成半透明状态。

⑤ 脱脂：将腐蚀过的骨骼晒干，放入标本瓶，慢慢地往里面加纯净的汽油，直到没过骨骼为止，然后拧紧瓶盖，用汽油将骨骼中的脂肪溶解掉，以此达到脱脂的目的，浸泡时间大约3天。

⑥ 漂白：将脱脂的骨骼用水冲洗干净，再置于5%过氧化氢溶液中5 h，即可达到漂白的目的。若是在日光照射下进行，效果更佳。

⑦ 整形和装架：先将漂白好的骨骼初步整理，晾干，然后在腰椎的前腹部，用小电钻打一个孔，用一根约2倍于体长的铁丝，将其一端由颈椎插入，由腰椎下面的孔穿出，把颈椎前端的铁丝弄成弯钩状并缠上棉花，粘上白色乳胶，插入脑颅中，然后用腰椎下端的铁丝作为支撑，向下弯到合适的角度，根据骨骼高度和膝关节的曲度，把它固定在标本盘上，贴上标签，置于标本盒内。

家鸽骨骼标本如图9.3所示。

(2) 鸟类骨骼标本制作的注意事项

不同生态类群的鸟类头骨、下肢骨形态差异明显，骨骼标本在动物分类学教学中应用价值较大。本节选取不同生态类群的鸟类包括山斑鸠、乌鸫、小云雀、家鸡、长耳鸮（均来自机场鸟击防范过程中的死亡个体，所有样品来源合法）作为骨骼标本制作材料，提供不同体型鸟类骨骼的腐蚀处理和漂白处理的最适处理浓度及时间等，为制作鸟类骨骼标本提供参考。

① 结缔组织的处理：在剔除结缔组织时，解剖刀只能处理部分结缔组织，易于划伤骨面，且处理效果不显著。可以使用沸水进行处理，残余组织经高温变性便于剥离，骨骼内部分油脂随沸水的作用浸出，骨面划伤较少。注意不要加盖焖煮，控制用时并用纱布包裹。较低腐蚀浓度处理时，骨骼会留有难于剥离的筋肉，可将腐蚀后的骨骼二次水煮（纱布包裹），残余组织会加快脱落，肌肉组织散而不乱，有利于快速准确地复位骨骼。控制时间在1~2 min内，且水煮温度不能过高。

② 长骨处理：下肢骨骼骨髓腔内含有大量油脂等物质，若处理不好会影响骨骼标本的洁白度，且不利于长时间保存。可用注射器在股骨、胫腓骨的两端钻孔，增大试剂与骨髓腔的接触面积，有利于油脂等物质的浸出。

③ 不同体型鸟类骨骼的腐蚀处理：实验鸟类因体型、食性不同，进行腐蚀处理时，氢氧化钠浓度、浸泡时间有一定区别。浓度过低会达不到骨骼标本制作要求，过高则影响骨骼硬度及完整度，需以腐蚀评判标准制定最适的处理浓度及时间。具体如表9.1所示，小体型鸟类头骨、下肢骨腐蚀氢氧化钠浓度4%~5%、12 h；中体型鸟类头骨腐蚀氢氧化钠浓度6%、12 h，下肢骨腐蚀氢氧化钠浓度8%、12 h，长耳鸮头骨腐蚀氢氧化钠浓度4%、4 h；大体型鸟类头骨腐蚀氢氧化钠浓度4%、8 h，下肢骨腐蚀氢氧化钠浓度8%、12 h。

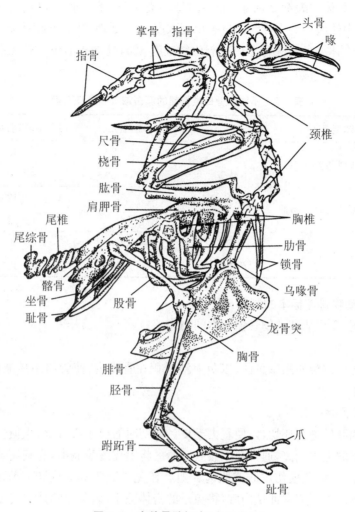

图 9.3　家鸽骨骼标本（自郑光美）

表 9.1　不同体型鸟类骨骼的腐蚀浓度和处理时间

不同体型鸟类	部位	腐蚀浓度	处理时间(h)
小体型鸟类	头骨	4%~5%	12
	下肢骨	4%~5%	12
中体型鸟类	头骨	6%	12
	下肢骨	8%	12
大体型鸟类	头骨	4%	8
	下肢骨	8%	12

④ 不同体型鸟类骨骼的漂白处理：漂白在骨骼标本的制作过程中是非常重要的环节，对骨骼标本的洁白度至关重要，能增加骨骼标本的真实性、观赏性。骨骼内部油脂、色素等物质的除去可延长骨骼标本的保存时间，且不易发霉、发黄。若过氧化氢漂白浓度过低，不仅耗时长，而且漂白效果不明显；若浓度过高，处理时间缩短，可以提高洁白度，但会损坏骨质且产生骨骼残渣，使骨骼失去原有的强度与韧性。需以漂白评判标准制定最适的溶液浓

度及处理时间。具体如表 9.2 所示,如小体型鸟类头骨、下肢骨漂白过氧化氢浓度 4%~5%,处理 12 h;中体型鸟类头骨漂白过氧化氢浓度 6%,处理 12 h,下肢骨漂白过氧化氢浓度 8%,处理 12 h;大体型鸟类头骨漂白过氧化氢浓度 4%,处理 4 h,下肢骨漂白过氧化氢浓度 8%,处理 12 h。

表 9.2 不同体型鸟类骨骼的漂白浓度和处理时间

不同体型鸟类	部位	漂白浓度	处理时间(h)
小体型鸟类	头骨	4%~5%	12
	下肢骨	4%~5%	12
中体型鸟类	头骨	6%	12
	下肢骨	8%	12
大体型鸟类	头骨	4%	4
	下肢骨	8%	12

5. 哺乳类动物骨骼标本的制作

以家兔为例,介绍哺乳动物骨骼标本的制作。

(1) 处死

家兔的处死应避免使用窒息法,以免血液淤积在骨髓内,使骨骼不易漂白,因此可采取割颈动脉放血法。

(2) 剥皮及去除内脏

在兔子的四肢处进行环切,以便剥去毛皮。环切时需要小心,以防止损伤肌肉和内部组织。然后将兔子的毛皮剥离,通常从四肢处开始。将毛皮逐步剥离,直到完全剥离为止。剥皮过程中需要小心,以免损伤皮肤或肌肉。随后在兔子后腹部的皮肤上剪出 V 形开口,使其容易取下内脏。再用清水冲洗内脏,将兔子的身体晾干,以备后续处理或存储。

(3) 剔除肌肉

头骨上的肌肉通常比较难以剔除,可以将头骨稍微煮一下,以软化肌肉,使其容易剔除。煮的时间应该控制得当,不要过长,以免骨片煮散。标本的不同部位骨骼处理时间长短不一,若不清楚各部位处理时间可进行简单实验,但须小心,以免因操作时间太久造成骨骼分散。家兔四肢骨中的关节部位(如腕、掌、指骨、跗、跖、趾骨)以及肋骨的肋软骨部分不可长时间浸泡在沸水中。对于骨面凹凸不平部位的碎小肌肉,可使用牙刷去除。

标本的脑和脊髓须彻底去除。去除标本的脑时可用镊子或者是解剖针将脑组织捣碎,再用棉布和水清洗干净。去除标本的脊髓时可用小镊子将其分段去除或细长的小刷子来清理椎管。

长骨中的骨髓也必须去除。可以在长骨的两端各钻一孔,用注射器吸水将骨髓冲出。务必及早进行这项工作,避免骨髓和骨骼干结在一起。处理完毕后,用清水冲洗剥净的骨骼,并注意保存剥散的小骨片,以备后续装置使用。

(4) 腐蚀和脱脂

将骨骼浸泡在 0.7%~0.9% 氢氧化钠溶液中数日。在腐蚀过程中,需要随时观察骨骼的情况,确保残留的肌肉膨胀成半透明状态。经常性地将骨骼取出用清水冲洗,并剔除残留的肌肉,直到完全清洁。最后,将腐蚀后的骨骼浸泡在汽油中进行脱脂,时间为7~10天。在使用汽油作为脱脂剂时,容器应密闭,以防汽油挥发。随着时间的推移,汽油中的脂肪会达到饱和状态,因此需要定期更换汽油,以保证脱脂效果。

(5) 漂白

将骨骼浸泡在10%过氧化氢溶液中1~2天进行漂白是常见的操作方法。漂白的时间取决于标本的大小和环境温度,通常以骨骼漂至洁白为度。过长的漂白时间可能导致较小的骨片易脱落,因此需要注意控制漂白时间。漂白后,将骨骼取出,并用清水彻底冲洗干净,确保除去所有的漂白剂残留。随后,将骨骼晾干,以确保其完全干燥,以便后续的保存和处理。

(6) 整形和装架

使用一根粗细适宜的铁丝,前端打结并缠上棉花,蘸取一些乳胶。将铁丝插入头骨的枕骨大孔处,穿过颅腔,确保头骨固定在铁丝上。将铁丝的另一端由颈椎经胸椎穿入尾椎。在穿过脊椎的过程中,要注意随着骨骼的体形弯曲而调整铁丝的弯曲,确保骨骼的自然姿态。对于下颌,可以使用两条自制的小弹簧将下颌钩在眼眶上方。这样可以使下颌可以上下活动,更加逼真。在固定整形过程中,要注意调整骨骼的姿态,使其符合动物的自然姿势。可以参考实际动物的生物学特征和姿态,使骨骼标本看起来更加逼真。

家兔骨骼标本如图9.4所示。

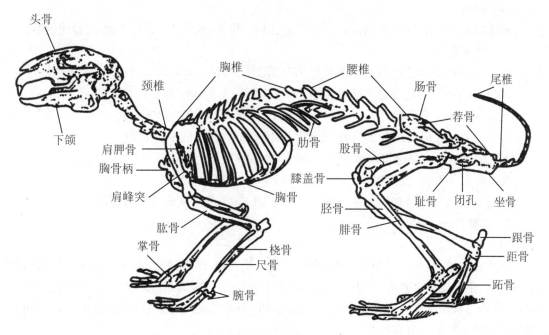

图9.4　家兔骨骼标本(自郑光美)

9.3 透明骨骼标本制作

9.3.1 基本流程

1. 实验材料

(1) 标本材料

因受保存液和保存容器的局限,一般选用小型脊椎动物制作透明骨骼标本,本节选取如下代表动物介绍透明骨骼标本的制作流程:金鱼、西伯利亚杂交鲟、牛蛙、豹纹守宫、虎皮鹦鹉、小白鼠等,均为花鸟市场购入的新鲜个体或遗体进行制作。要求每一种实验动物体型大小一致,并且确保实验动物来源合法、处理过程符合动物伦理学规定。

(2) 药品和试剂

蒸馏水、丙酮(分析纯,浓度为99.7%)、氢氧化钠、无水乙醇、3%~8%的过氧化氢、丙三醇(分析纯,浓度为99.7%)、茜素红、冰乙酸(分析纯,浓度为99.7%)、阿利新蓝、麝香草酚。

(3) 器材

标本缸、解剖盘、解剖针、解剖刀、手术剪、镊子、烧杯、量筒、电子天平、药匙和注射器。

(4) 溶液配制

X1系列:将无水乙醇与蒸馏水按照25%、50%、75%、100%的浓度梯度进行配制。

X2系列:将氢氧化钾与蒸馏水按照0.5%、1%、3%的浓度梯度进行配制。

X3:将0.02 g茜素红、0.5 g氢氧化钾和100 mL蒸馏水混合均匀。

X4:将20 mg阿利新蓝、60 mL无水乙醇和40 mL冰乙酸混合均匀。

X5:将过氧化氢与蒸馏水按照3%、5%的浓度梯度进行配制。

X6:将25 mL丙三醇、0.5 g氢氧化钾和75 mL蒸馏水混合均匀。

X7系列:将丙三醇与蒸馏水按照50%、75%、100%的浓度梯度进行配制。

2. 实验方法

(1) 材料分组

分别在春季、夏季和冬季不同温度条件下,选择5~8 cm长的金鱼,6~8 cm长的西伯利亚杂交鲟,牛蛙(200 g左右),10~12 cm长的豹纹守宫,虎皮鹦鹉(150 g左右),小白鼠(100 g左右)各24只,随机均分成2组,每组6只,按相同的溶液浓度分别操作;其余两组在相同的温度下调整溶液浓度分别操作。

(2) 标本预处理

西伯利亚杂交鲟:去鳃、去除内脏,流水冲净。

金鱼:去鳞、鳃,接着打开腹腔清除内脏,并彻底清洗干净。

牛蛙:剥去皮肤后在腹部正中位置切开一个小口,去除内脏,并冲洗干净。

豹纹守宫、虎皮鹦鹉和小白鼠:剥皮,打开腹腔取出内脏,清洗干净。

需要提醒的是:所有动物体都需清理头骨内颅腔,整个过程操作要小心,不要伤及骨骼,尽量去除皮下脂肪。

(3) 固定

将预处理好的标本放入 95% 酒精中进行固定,使动物体的姿势呈自然形态,并随时观察,发现酒精明显变色则需要更换,固定处理到动物体骨骼稍硬、可随意翻动为止。

(4) 脱水

将固定后的标本按顺序浸泡于浓度为 25%、50%、75% 及 100% 的 X1 系列溶液中,每个浓度梯度浸泡时间为 1~2 天。

(5) 脱脂

将脱水后的标本置于丙酮中,以去除组织中的脂肪,具体脱脂时间视动物体的大小而定,需要提醒的是,脱脂必须彻底,否则会导致标本肌组织透明度差,后期保存时标本易发黄。

(6) 透明

将标本放入 X2 系列溶液中进行初步的透明化处理,当标本达到半透明状态(类似果冻状)且能清晰地看到骨骼时,即可停止。

(7) 染色

① 单染。把透明化处理后的标本放入 X3 溶液中,使茜素红染液完全浸没动物体,在浸泡过程中随时观察标本的着色情况,直到骨骼染成紫红色为止。

② 双染。采用双染法处理时先染软骨后染硬骨,软骨染色时动物体放入 X4 溶液中浸泡 2 天,当表层软骨(如下颌、舌)染成蓝色即可,软骨染色结束后放入无水酒精中浸泡 1 天,将动物体酸性物质析出,然后放入 X3 溶液中进行硬骨染色,使茜素红完全浸没动物体,硬骨染成紫红色即可。

(8) 初步脱色

将染色后的标本用蒸馏水反复漂洗,然后置入 X5 溶液中浸泡脱去浮色,浸泡时间根据动物体大小灵活掌握,并勤加观察,当染色的肌组织脱色变成浅红色或白色且溶液不再变色即可。

(9) 深度脱色

将标本从 X5 溶液中取出,然后放入 X6 脱色液中继续脱色。在此过程中,要密切关注溶液的颜色变化,一旦溶液变色,应立即更换新的脱色液,重复此步骤直至溶液不再变色为止。

(10) 梯度甘油

标本脱色完成后,置于 X7 梯度甘油中,直至肌组织完全变为无色,骨组织清晰可见即可。

(11) 密封保存

加入适量的麝香草酚进行防腐,密封保存。

9.3.2 不同脊椎动物处理时间和处理浓度优化

针对透明骨骼标本制作过程中的关键技术问题,本节根据实践经验和实验数据,对不同处理时间和不同试剂浓度条件下脊椎动物骨骼的透明和染色效果进行了总结(评价标准见表 9.3)。

表 9.3　评价标准

处理	指标	等	级	
透明	肌组织状态	A(完整)	B(软)	C(破损)
	骨骼硬度	A(正常)	B(软)	
	骨骼完整度	A(完整)	B(破损)	
染色	肌组织颜色	A(中等)	B(淡)	C(深)
	骨骼硬度	A(正常)	B(软)	
	骨骼整体颜色	A(中等)	B(淡)	C(深)
	骨骼完整度	A(完整)	B(破损)	
脱色	肌组织颜色	A(中等)	B(淡)	C(深)
	骨骼整体颜色	A(中等)	B(淡)	C(深)

1. 不同氢氧化钾浓度对肌组织透明的效果

氢氧化钾透明液浓度是整个制作过程中对于成品影响最大也是最难控制的一步,需要根据动物体的大小随时调节。这就需要持续观察标本透明化进展情况,根据标本的透明程度,调整处理时间,透明处理时间过久或浓度过高会导致肌组织糜烂破碎,支撑不了骨骼结构。由表9.4可知金鱼在1%碱溶液浓度2h处理下肌组织状态正常、骨骼硬度正常、骨骼形态完整,故而金鱼的最佳透明条件为碱溶液浓度1%、处理时长2h;西伯利亚杂交鲟在0.5%碱溶液浓度2h处理下肌肉组织状态正常、骨骼硬度正常、骨骼完整,故而西伯利亚杂交鲟的最佳透明条件为碱溶液浓度0.5%、处理时长2h;牛蛙在3%碱溶液浓度6h处理下肌肉组织状态正常、骨骼硬度正常、骨骼完整,故而牛蛙的最佳透明条件为碱溶液浓度3%、处理时长6h;豹纹守宫在3%碱溶液浓度6h处理下肌肉组织状态正常、骨骼硬度正常、骨骼完整,故而豹纹守宫的最佳透明条件为碱溶液浓度3%、处理时长6h;虎皮鹦鹉在3%碱溶液浓度6h处理下肌肉组织状态正常、骨骼硬度正常、骨骼完整,故而虎皮鹦鹉的最佳透明条件为碱溶液浓度3%、处理时长6h;小白鼠在3%碱溶液浓度6h处理下肌肉组织状态正常、骨骼硬度正常、骨骼完整,故而小白鼠的最佳透明条件为碱溶液浓度3%、处理时长6h。

表 9.4　不同氢氧化钾浓度对肌组织透明的效果(20 ℃)

实验动物	KOH 浓度	处理时间	肌组织状态	骨骼硬度	骨骼完整度
金鱼	1%	2 h	A	A	A
	2%	4 h	B	A	A
	3%	6 h	B	B	A
	4%	8 h	B	A	A
	5%	4 h	C	B	B

续表

实验动物	KOH 浓度	处理时间	肌组织状态	骨骼硬度	骨骼完整度
西伯利亚杂交鲟	0.5%	2 h	A	A	A
	1%	4 h	B	A	B
	2%	6 h	C	A	A
	3%	4 h	C	A	B
	4%	4 h	C	B	B
牛蛙	0.5%	48 h	B	A	A
	1%	48 h	B	A	A
	2%	6 h	B	A	A
	3%	6 h	A	A	A
	4%	8 h	B	B	A
豹纹守宫	0.5%	48 h	B	A	A
	1%	48 h	B	A	A
	2%	12 h	B	B	A
	3%	6 h	A	A	A
	4%	4 h	A	B	A
虎皮鹦鹉	0.5%	24 h	B	A	A
	1%	24 h	B	B	A
	2%	12 h	A	B	B
	3%	6 h	A	A	A
	4%	8 h	B	B	B
小白鼠	0.5%	48 h	B	A	A
	1%	48 h	B	B	A
	2%	12 h	B	A	A
	3%	6 h	A	A	A
	4%	4 h	B	B	A

2. 不同染色时间效果对比

标本着色的快慢与标本自身情况和环境温度有关。由表 9.5 在染液浓度固定为茜素红 0.02 g、氢氧化钾 0.5 g、蒸馏水 100 mL 的情况下,可知金鱼在染色 24 h 肌组织颜色正常、骨骼硬度正常、骨骼整体颜色中等、骨骼完整,故而金鱼的最佳染色时间为 24 h;西伯利亚杂交鲟在染色 12 h 肌组织颜色正常、骨骼硬度正常、骨骼整体颜色中等、骨骼完整,故而西伯利亚杂交鲟的最佳染色时间为 12 h;牛蛙在染 84 h 肌组织颜色正常、骨骼硬度正常、骨骼整体颜色中等、骨骼完整,故而牛蛙的最佳染色时间为 84 h;豹纹守宫在染色 72 h 肌组织颜色正常、骨骼硬度正常、骨骼整体颜色中等、骨骼完整,故而豹纹守宫的最佳染色时间为 72 h;小白鼠在染色 96 h 肌组织颜色正常、骨骼硬度正常、骨骼整体颜色中等、骨骼完整,故而小白鼠的最佳染色时间为 96 h。

表 9.5 不同染色时间效果对比(20 ℃)

实验动物	处理时间	肌组织颜色	骨骼硬度	骨骼整体颜色	骨骼完整度
金鱼	48 h	C	B	C	B
	36 h	B	A	C	B
	12 h	A	A	A	A
	6 h	B	A	A	A
	2 h	B	A	B	A
西伯利亚杂交鲟	48 h	C	B	B	B
	36 h	B	B	B	A
	12 h	C	A	C	A
	6 h	A	A	A	A
	2 h	C	A	B	A
牛蛙	120 h	B	A	B	A
	96 h	A	A	A	A
	84 h	B	A	A	A
	72 h	B	A	B	A
	24 h	B	A	B	A
豹纹守宫	120 h	C	A	A	A
	96 h	B	A	A	A
	84 h	B	A	A	A
	72 h	A	A	A	A
	24 h	B	A	B	A
虎皮鹦鹉	150 h	C	A	C	A
	120 h	C	A	C	A
	96 h	A	A	A	A
	72 h	B	A	B	A
	24 h	B	B	A	A
小白鼠	150 h	C	A	C	A
	120 h	C	A	C	A
	96 h	C	A	B	A
	72 h	A	A	A	A
	24 h	B	A	A	A

3. 不同过氧化氢浓度对标本脱色的效果

标本脱色效果与过氧化氢浓度及环境温度有关。由表 9.6 可知金鱼在 3% 过氧化氢浓度 2 h 处理下肌组织颜色中等、骨骼整体颜色中等,故而金鱼的最佳脱色条件为碱溶液浓度 3%、处理时长 2 h;西伯利亚杂交鲟在 3% 过氧化氢浓度 2 h 处理下肌组织颜色中等、骨骼整体颜色中等,故而西伯利亚杂交鲟的最佳脱色条件为碱溶液浓度3%、处理时长2 h;牛蛙在5%过氧化氢浓度6 h处理下肌组织颜色中等、骨骼整体颜色中等,故而牛蛙的最佳脱色条件为碱溶液浓度5%、处理时长6 h;豹纹守宫在5%过氧化氢浓度6 h处理下肌组织颜色中等、骨骼整体颜色中等,故而得出豹纹守宫佳脱色条件为碱溶液浓度5%、处理时长6 h;虎皮鹦鹉在5%过氧化氢浓度6 h处理下肌组织颜色中等、骨骼整体颜色中等,故而虎皮鹦鹉脱色条件为碱溶液浓度5%、处理时长6 h;小白鼠在5%过氧化氢浓度6 h处理下肌组织颜色中等、骨骼整体颜色中等,故而小白鼠脱色条件为碱溶液浓度5%、处理时长6 h。

表9.6 不同过氧化氢浓度对标本脱色的效果(20 ℃)

实验动物	过氧化氢浓度	处理时间	肌组织颜色	骨骼整体颜色
金鱼	0.5%	2 h	C	C
	1%	2 h	C	C
	3%	4 h	A	A
	10%	4 h	B	B
西伯利亚杂交鲟	0.5%	2 h	C	C
	1%	2 h	C	C
	5%	4 h	A	A
	15%	4 h	B	B
牛蛙	3%	2 h	C	C
	5%	6 h	A	A
	15%	6 h	B	B
	20%	8 h	B	B
豹纹守宫	3%	2 h	C	C
	5%	6 h	A	A
	15%	6 h	B	B
	20%	8 h	B	B
虎皮鹦鹉	3%	2 h	C	C
	5%	6 h	A	A
	15%	6 h	B	B
	20%	8 h	B	B
小白鼠	3%	2 h	C	C
	5%	6 h	A	A
	15%	6 h	B	B
	20%	8 h	B	B

4. 不同温度对标本透明及染色时间的影响

在标本透明、染色过程中,温度对制作周期影响比较大,在冬季由于气温较低,透明和染色制作所需时间相应延长。春、夏季,随着温度的升高,制作时间明显缩短。在温度、浓度相同的条件下肉质脆弱的西伯利亚杂交鲟制作时间最短;金鱼因体积小制作时间也比较短;虎皮鹦鹉和小白鼠因胸肌与腿肌发达、溶液渗透需要时间所以制作时间最长;牛蛙和豹纹守宫的制作时间介于两者之间。故在标本制作过程中温度越高、体积越小、制作时间越短,温度越低、体积越大、肌组织越多、制作时间越长。

9.3.3　制作技术难点和注意事项

1. 试剂选择

在试剂的选择上,建议优先考虑那些对人体伤害小、适合大学生操作且效果显著的试剂。在固定环节,选用酒精作为固定液,因为它具有较强的脱水能力,可以有效地硬化组织。在染色前的处理步骤中,选用梯度酒精和丙酮进行脱水脱脂,以确保样本的纯净度。接着,选用氢氧化钾溶液软化透明软组织、增强染料的渗透力。关键的骨骼染色环节,选用具有特异性的茜素红与阿利新蓝染色剂。最后,在透明剂的选择上,优先考虑环保无毒的甘三醇。通过这一系列的试剂选择和处理步骤,就可以保证制作环节的高效性和安全性。

2. 不同脊椎动物透明环节所需碱溶液浓度和处理时间

染色前预透明环节是整个制作过程中最关键的步骤,也是技术要求非常高的步骤。首先,氢氧化钾溶液浓度需要根据动物体的大小和实际操作情况进行调节,浸泡时间的长短也要根据实际情况随时调整。其次,温度对此步骤也有较大的影响,温度低时需相应延长浸泡时间。我们的探究表明:室温下金鱼、西伯利亚杂交鲟因体型小在1%碱溶液浓度下需要浸泡2 h;牛蛙、豹纹守宫、虎皮鹦鹉、小白鼠因为体型稍大剥皮后在3%碱溶液浓度下需要浸泡6 h。

3. 不同脊椎动物染色环节所需处理时间

染色这一步骤主要受环境温度和动物体型的影响,在温度低的情况下染色时间比较长,温度高时染色时间相应缩短,染色时要持续观察,如果染色不全则继续染色,但要防止染色过重影响后期脱色。实验表明:在室温下金鱼的最佳染色条件为24 h;西伯利亚杂交鲟的最佳染色条件为12 h;牛蛙的最佳染色条件为84 h;豹纹守宫的最佳染色条件为72 h;小白鼠的最佳染色条件为96 h。

4. 不同脊椎动物脱色环节所需过氧化氢浓度和处理时间

脱色在透明骨骼标本的制作过程中是比较重要的环节,不同浓度的过氧化氢对标本的脱色效果不同。此步骤也不可过度进行,否则会导致标本颜色消失或变淡,影响成品效果。实验表明,若过氧化氢漂白浓度过低,不仅耗时长,且漂白效果不明显;若浓度过高,虽然处理时间缩短,但会使骨骼失去原有的强度与韧性。需以脱色效果作为评判标准来确定最适的过氧化氢浓度及处理时间。如西伯利亚杂交鲟、金鱼的最佳脱色条件为2 h、3%过氧化氢浓度;牛蛙、豹纹守宫、虎皮鹦鹉、小白鼠的最佳脱色条件为6 h、5%过氧化氢浓度。

5. 塑形与气泡消除

在标本的制作过程中由于脱色使用的试剂为过氧化氢,会产生大量气泡导致成品不太美观甚至遮挡动物体的骨骼组织,在实践过程中,表面的大气泡可以采用注射器抽取法去除,深层的小气泡则通过真空机抽取,反复进行直至气泡彻底消除为止;塑形采用亚克力棒进行固定,固定时标本的姿态要符合自然生活状态,塑形后放入标本瓶内保存。

6. 实验干扰因素

在操作过程中,存在不同的干扰因素。比如所选实验动物的体型对于制作周期有显著影响,体型大的动物制作周期比较长。另外,实验动物的新鲜度对于制作成效影响较大,如果是死亡时间较短的实验动物,较易剥离外皮,其骨骼硬度正常,在透明与染色处理中不易损坏骨骼骨质;如果是冻存样品,短期冻存下实验动物骨骼骨质、韧性较为正常,在试剂处理时,动物体的油脂、色素等物质较易去除,但是,长期冻存下实验材料骨骼骨质变脆、韧性较差,预处理时易导致骨骼断裂的现象,影响成品质量。另外,环境条件如光照、温度和空气等均会对制作过程产生影响。

不同脊椎动物的头骨、胸骨、脊柱、附肢骨形态差异明显,在动物分类学教学中应用价值较大。但是传统骨骼标本制作方法工艺繁琐、耗时耗力,并且试剂有毒有害,不适合大学生进行操作,本节在大量实践基础上,简化处理流程、精选环保试剂、优化处理浓度和处理时间,总结出一套行之有效的透明骨骼标本处理工艺。该工艺强调:根据环境温度和动物体型灵活掌握透明、染色和脱色各个环节试剂浓度和处理时长。小型脊椎动物透明和漂白时,以低浓度(0.5%～3%)为宜,染色时间以 6～24 h 为宜;中型脊椎动物透明和漂白时,以低浓度(3%～5%)为宜,染色时间以 84～96 h 为宜。

第10章 植物腊叶标本制作

10.1 概 述

植物标本是指采集新鲜的植物材料全株或部分,采用适当方法(物理或化学)处理后,能够长期保持其形态特征的实物样品。制作植物标本的过程包括采集、修剪、记录、处理和保存等步骤。标本制作的目的是记录植物的形态特征、生长习性、地理分布等信息,以便于植物分类、物种鉴定、科学研究和教学使用。

植物腊叶标本又称压制标本,属干制标本的一种类型,是将新鲜植物材料用吸水纸压制,使之干燥后再装订在台纸上制成的标本。就被子植物来说,通常采集带有花、果实的植物的一段带叶枝或带花或果的整株植物体,然后将其整理修剪、压平、干燥、装订后制成标本并保存(图10.1)。

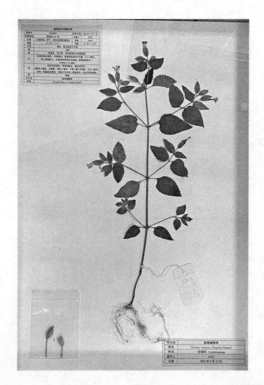 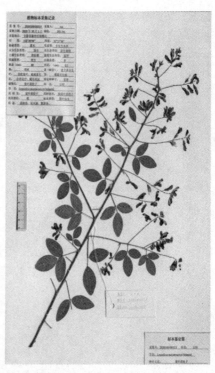

图 10.1 植物腊叶标本

10.2　植物腊叶标本采集

10.2.1　采集器具

为做好植物标本采集的工作,我们必须提前准备好所需物品,主要包括采集、测量和记录所需的器具:枝剪、镐头、小铲子、小刀、长砍刀、高枝剪、修枝锯、斧头、凿子、铁锤、卷尺、放大镜、防刺手套、植物识别工具书、野外活页夹、吸水纸(旧报纸、瓦楞纸板)、不同大小和厚度的自封袋、标签、原始数据记录本(表)、铅笔、橡皮、采集箱或袋、固定液、望远镜、GPS定位仪、轨迹仪、照相机、急救药箱等。

10.2.2　采集时间

最好在春季和秋季进行植物标本的采集。这两个季节是植物生长发育的重要时期,植物的新叶、花朵和果实比较丰富,适合采集。在晴天的上午 9:00 以后进行采集是较为理想的选择。因为雨水或露水会使植物叶片和花朵上残留较多水分,不利于标本的干燥,容易导致标本变湿、发霉或腐烂。

总之,在进行植物标本采集时,选择合适的时间是非常重要的,能够确保采集到的标本具有较好的质量,便于后续的研究和展示。

10.2.3　不同类型植物的采集

1. 木本植物

采集应选择无病虫害、结构完整、具有代表性特征的植株。选择植株中部的枝条,长度为 25～30 cm,并带有花或果。剪口要斜,以便清楚观察髓的特点。且采集标本具有二年生枝条和完整的顶芽,以便观察不同特征。植株的芽鳞情况也要记录。乔木或灌木标本的先端不应剪去,以便与藤本植物区别开来。对于一些先开花的植物,除了采花枝外,还应在同一植株上采集带叶或带果的枝条,以同一编号装订在同一张台纸上。对于雌雄异株的植物,必须同时采集雌株与雄株的枝条,以确保后续的鉴定工作准确。

2. 藤本植物

对于藤本植物的采集,通常在开花或结果季节选择中间一段具有藤本性状的部分枝条,这样的选择能够更好地展示藤本植物的特征。

3. 草本植物

在采集草本植物标本的过程中,必须将整株植物完整采集,涵盖根、茎、叶、花、果实或种子。依据植物特性决定是采集时是带花还是带果,有的植物果实难以压制,仅能带花进行采集,例如野葡萄、龙葵、草莓等;而某些果实具有显著的特征,便于进行鉴别,可以带果进行采集,例如诸葛菜等。对于某些草本植物,可能需待花和果完整时,才进行采集,例如曼陀罗、荔枝草、扬子毛茛等。对于某些草本植物,根和基部叶体积大、分枝繁多,但花或果特征明显,可采集上部带花或带果的部分,同时在野外采集记录本上详细记录根的形态和基部叶的尺寸,例如牛蒡、大黄等。

4. 特殊类型植物

(1) 寄生植物

寄生植物必须连同寄主一起采集,这样可以更好地了解寄生植物与寄主植物之间的关系。

(2) 水生植物

大多数水生植物的茎纤细且带有一定黏性,在从水中拿出时容易粘连,失去本来的形状。碰到这一类植物标本,可以将其带回居住地,放在水盆里让叶片展开。等叶片完全展开后,再用台纸从水中取出,并进行编号和记录。最终,将标本和台纸一起放进标本夹里保存。

10.2.4 采集记录

采集记录是保存标本的重要文件资料,在鉴定标本中起着非常重要的作用。采集记录主要包括采集号、采集时间、采集地点、经纬度、海拔、照片号、采集人、标本份数、生境、生境类型、植物形态特征、中文名、学名等,要尽可能地在采集的时候做好登记和编号,以免过后忘记或错号等。标签和野外记录本信息必须一致,方便查找。

拍摄植物照片是植物标本采集过程中的重要补充,它可以为标本的鉴定和研究提供更多直观的信息和证据,进一步了解其生境、伴生植物及生长状态。照片要素主要包括植物生境、群落、全株,花、果、叶、种子等的局部特写等,植物照片的拍摄可以弥补标本的不足,为标本的鉴定提供更直接有力的证据。

10.3 植物腊叶标本制作方法

10.3.1 整理与压制

标本的材料处理是植物腊叶标本制作成败的关键,在标本进行采集时,由于标本长期地受到捆扎、挤压,标本含水量较多会导致吸水纸被水浸透。若不及时更换吸湿的纸张,标本极易发生腐败,从而导致浪费、返工。所以,采集的标本应当天进行整理压制,不得多于 $8\,h$,以保证制作标本的质量。

1. 初步整理

采集的植物标本在压制之前需要进行初步整理,以确保最终标本的质量和观赏价值。主要包括以下几个方面:

(1) 分类和整形:首先,采集回来的植株需要进行分类,然后开始整形,包括清除根、茎、叶上的泥土,并选择具有完整生态特征的植株作为标本。

(2) 修剪:为了避免标本过于拥挤,需要修剪过密的枝和叶。对于花朵,一般留下 3~5 朵即可,对于果实,一般留下 3~5 颗。保留一小段花、果、叶的梗是为了展示植物的原始生态特征。

(3) 美感处理:尽量使修剪后的植株既能保持自然状态,又具有艺术美感。可以适当对叶片进行剪裁,确保它们适合吸水纸。对于羽状复叶,剪短一侧的小叶并保留基部和顶端小叶。

(4) 特殊处理:对于肉质植物、浆果、块茎和块根等不便于压制的植物,需要进行浸制保存。

2. 压制

在压制植物标本时,需要适当地疏去一些茎枝、花、叶、果等过密或过长的部分。这样可以确保标本展开时不会重叠或堆积,同时保持植物的特征。将枝、叶、果、花展开平放,遵循自然的形态,避免人为过度改变。对于特别高大的植物,可以将其反复折叠成"V""N""W"字形,或者选择代表性的上、中、下段进行展示。这样可以更好地展示植物的形态特征,并确保标本制作的质量。

标本压制是一个需要在短时间内完成的过程,其目的是通过脱水干燥来固定植物的形态和颜色。因此,必须及时更换吸水纸,以确保标本能够有效地脱水。在采集当天,应该至少更换吸水纸两次。随后的更换频率可以根据情况逐渐减少,直到标本完全干燥为止。在更换吸水纸时,需要特别注意避免叶片皱褶,并可以适度摘除过多的叶子。

针对薄且软的叶片,更换纸张时,可先用干燥的吸水纸盖住标本,并将其与已经湿润的吸水纸及标本一同取出,再将湿吸水纸与标本倒放于一张新的吸水纸上,避免因更换纸张造成的弄乱或卷皱。

更换纸张后,应将标本放置于通风、透光、温暖处。在固定标本夹的过程中,要把握好松紧度,太紧容易使标本发黑,太松又不容易干燥。标本夹之间的纸张要保持平整。为了更好地保护标本,在球果、枝刺等地方可以多加纸张。而用过的湿纸则要立即进行干燥,以便下一次使用。

此外,除了传统的自然干燥法之外,还可以采用烘干法快速干燥标本,可以使用小型烘干机、电热干燥箱等设备进行烘干。烘干法的优点是干燥时间短,适用于实验室大量标本的制作。

还有一种适用于野外调查现场的快速干燥法——热风机干燥法,具体操作如下:先将标本夹放置在两端均开口的防火袋中。防火袋的设计有利于通风和保护标本不受外界干扰。然后将热风机的吹气口对准防火袋袋口,确保热风可以充分地进入袋内。接着使用绳子捆紧防火袋,确保袋口紧密封闭,避免热风外泄(具体见图 10.2)。该方法所需的工具简单、携带方便、干燥快速等,适用于外出采集标本时使用。

图10.2　热风干燥法实际操作示意（仿林巧贤）

10.3.2　消毒

野外采集的植物标本通常会携带虫卵或病菌孢子，长期存放容易受到虫蛀和病菌影响，从而破坏标本并影响其他标本的安全。因此，在将标本固定到台纸上之前，必须进行消毒处理。这一步骤对于腊叶标本的长期保存和发挥其应有作用至关重要。

对腊叶标本进行消毒，其目的是杀灭标本上的细菌、真菌、孢子、病毒和各种昆虫、虫卵等，避免对标本造成伤害。植物腊叶标本消毒有两种方式：化学方法和物理方法，化学方法大多有毒有害，现在实验室已经较少采用，这里重点介绍常用的物理方法。

1. 紫外线消毒法

紫外线消毒法具有高效、广谱、清洁卫生等特点。对植物标本进行消毒处理通常用20 W紫外线灯距离25～60 cm照射标本表面25～30 min即可。

2. 高压蒸汽消毒法

高压蒸汽消毒法是一种非常有效的灭菌方法，其原理是通过在高压下将水蒸气加热至高温，维持一定时间，从而杀死包括芽孢在内的所有微生物。这种方法可用于木质化果实和树皮的消毒。将需要消毒的标本放入灭菌设备中，并确保标本已经清洁并放置在适合的容器中，以便蒸汽可以充分接触到标本所有表面。蒸汽压力达到103.4 kPa以上，温度达到121.3 ℃，并保持15～20 min，可杀死包括芽孢在内的所有微生物。

3. 沸水浸泡法

沸水浸泡法是一种简单有效的消毒方法，这种方法适用于一些厚而多肉的植物器官，如兰科、天南星科、景天科等，以及容易落叶的植物，如大戟科、木犀科、柽柳科等。通过沸水浸泡1 min左右可以杀死植物的叶肉细胞，避免落叶问题。

4. 短时高温干燥法

短时高温干燥法是一种快速干燥植物标本的方法，它包括使用熨斗、恒温干燥箱和微波炉等工具。这种方法具有较好的消毒效果，并且可以使标本快速干燥并保持原色。

（1）熨斗熨干：这种方法主要用于花朵标本的压制。在使用熨斗时，需要在标本上下垫2～3张吸水纸，以防止标本受损。

(2) 恒温干燥箱烘干：通过将标本放入恒温干燥箱中（温度通常在 45～60 ℃ 之间），进行较为缓慢但稳定的干燥过程。

(3) 微波炉高火快速干燥：这是一种快速干燥的方法，通常推荐使用 900 W 以上的微波炉。然而，这种方法并不适用于含水量较大的标本，比如仙人掌类植物，以及标本中含水量高的部分，如肉质多浆的果实。由于微波炉容积限制，大型标本可能需要进行分割处理，这可能会影响标本的完整性。

5. 低温冷冻处理法

低温冷冻处理法也是一种有效地保护植物标本免受有害生物侵害的方法。将已经干燥的标本包装在不透气的塑料袋中，放入 -40 ℃ 低温冰箱或冰柜中冷冻一周以上的时间以达到杀死有害生物的效果。

10.3.3 装订

腊叶标本装订是将植物标本固定在标本纸上并进行标记的过程，这里简要介绍三种比较常见的标本装订方法。

1. 胶粘装订法

（1）装订用具

台纸：用来垫衬标本，并将标本装订在台纸上。台纸要结实，一般是白色的纸板，尺寸为 8 开，39 cm×28 cm。

标签：当植物标本要装订时，可能会有几种不同形式的标签要装订在一起。其中最重要的是野外采集记录签（表 10.1），另外还有标本馆标签和定名标签。它们都是说明标本特征、性状、名称等用的。

表 10.1 野外采集记录签

采集号		采集日期	
采集地点		采集人	
生境		海拔	
经度		纬度	
性状			
叶			
果			
花			
正式名			
学名			

其他工具：碎片小包、枝剪、乳白胶、铅块、蜡纸、硬纸板、胶纸等。

（2）胶粘装订

① 处理掉落的材料和额外的花果部分：将从标本上掉落的材料装在碎片小包内，可以

使用透明的塑料袋或纸包装材料。如果标本上有额外的花果部分,剪下几朵花或果实放入碎片小包内。如果标本太大无法完全装在一张台纸上,进行适当修剪,并将剪下的材料放入碎片小包内。若标本很茂密,可以将其剪成两份,分别装订在两张台纸上。

② 选择标本的最佳面:反复观察标本,选择展示特征最多的一面作为正面。将叶片移开,让花、果实和细小的枝条显露出来,确保展示标本的重要特征。分开相互缠绕或堆积在一起的植物材料,并尽可能展示叶片的背面。

③ 装订标本:将标本放在一张旧报纸的中央,背面朝上。从乳胶瓶中挤出乳白胶,在标本的枝茎部位成线状涂抹胶水,并在叶片边缘涂抹一圈。将标本小心地粘贴在台纸中央,用湿毛巾擦掉多余的胶水。使用两张台纸粘贴在一起以增强台纸的强度,称为强固。

④ 贴上各种标签:将野外采集记录签贴在台纸的左上角。将标本馆标签贴在台纸的右下角。将定名标签贴在台纸的左下角。将碎片小包贴在台纸的右上方,小包的开口朝上或朝右为宜。

通过以上步骤,一份标本就初步胶粘装订好了(图10.3)。这样的装订方法可以确保标本的完整性和稳固性,方便后续的鉴定和研究。

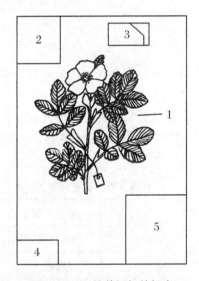

图 10.3　一份装订好的标本
1. 标本;2. 野外采集记录签;3. 碎片小包;4. 定名标签;5. 标本馆标签

⑤ 用硬纸板和蜡纸保护标本:将装贴好的标本放在硬纸板上,上面盖一张蜡纸。然后再叠上一张硬纸板,并在硬纸板上平铺铅块加压。这样一层一层地叠起来,可以将当天装订的标本叠在一起,过夜干燥。第二天,将铅块、硬纸板、蜡纸等移开,逐份取出压干的标本。

⑥ 辅助性捆扎:使用缝衣针和白蜡线作辅助性捆扎,将标本上较大的果实、树皮、块根、块茎、粗厚枝条等处用线扎紧。捆扎的方法是用双线在需要固定的部位紧靠植物两边各扎一个眼,穿过线,再在台纸背面打结。较大的部分,可以用十字形穿线打结固定。在所有针眼处点一些胶,使之固定和加强台纸的强度。

⑦ 处理细小或松散的部位:如果标本的某些部位比较细小或松散,可以使用胶纸将其粘在台纸上,把松动的部位粘紧。胶纸最好粘在花梗、果梗、叶柄等部位,避免将重要部位遮盖。

⑧ 存储无法牢固装订的部分：对于无法牢固装订在台纸上的很大的果实或其他部位，可以将其取下装入果实袋中，便于存储在标本馆中。果实袋可以开闭，方便观察，上面要盖上标本馆章，并附上与原标本相同的各种标签。

完成所有工作后，胶粘装订的标本就全部完成，可以将装订好的标本收入标本柜中保存。

2. 纸条装订法

（1）装订用具

刻刀、小纸条、垫板、台纸、标签、碎片小包、普通胶水、小毛巾等。

（2）纸条装订

① 准备标本：将修整好的植物标本放在台纸中央，台纸下面垫上垫板，以确保平整。

② 切纵口：用刻刀在标本的枝条、叶柄、花梗、果梗等处的两侧各切一条纵口，纵口的长度要适当，足够穿过纸条。

③ 穿入纸条：将纸条从切口穿入，一个纸条可以贯穿多个切口，根据标本的大小和需要，可以选择贯穿几条纸条。将纸条拉紧，确保标本固定在台纸上。

④ 涂胶水：在台纸背面涂抹胶水，将纸条压贴在台纸背面，确保纸条紧密贴合，并使胶水充分渗透，固定标本。

⑤ 处理多余胶水：及时用湿毛巾擦拭台纸背面的多余胶水，以免粘连到其他标本上。

⑥ 贴标签和碎片小包：完成纸条装订后，可以贴上野外采集记录签、标本馆标签和定名标签，根据需要贴上碎片小包。

⑦ 配置果实袋和强固台纸：如果有需要，可以配置果实袋用于存放较大的果实或其他部分。另外，也可以使用强固台纸来加固标本，特别是对于较大的标本或需要额外支撑的部分。

通过以上步骤，标本就完成了纸条装订，可以保持稳固并保存在标本柜中，以供后续的研究和展示。

3. 线订法

（1）装订用具

细线、针、剪刀、台纸、标签等。

（2）细线装订

线订法是一种将标本用线缚在台纸上的装订方式，适用于装订木本植物和较粗壮的草本植物。以下是线订法的操作方法：

① 将主枝缚在台纸上：选择修整好的植物标本和所需的线材，用线将标本的主枝缚在台纸上，可以从台纸的底部开始，沿着主枝的方向逐渐向上缚扎。每隔一段距离使用线将主枝固定在台纸上，并在每个节点处打结，以确保标本牢固地固定在台纸上。

② 缚绑小枝和叶片：对于较粗壮的小枝，也可以用线将其缚绑在台纸上，按照需要进行缚扎。对于一些较大的叶片，如芭蕉叶、棕榈叶等，可以在中脉两侧用小刀切口后，再用线将其固定在台纸上。在每个节点处都要打结，以确保线的牢固性。

通过线订法，可以使标本装订得更加牢固，特别适用于那些具有粗壮枝条的木本植物和高大的草本植物。

10.3.4 常见植物标本的保色方法

植物原色标本的制备包括采集、保色和保存三个步骤,在种类繁多的植物资源中,是否采用最合适的保色方式将直接影响到植物标本的质量。本小节通过对近年来相关的研究资料的分析,总结出了绿色植物腊叶标本和常见的干燥花的保色方法,为制作高质量的植物标本和保色技术提供一定的借鉴。

1. 绿色植物腊叶标本的保色法

（1）配制浓度为 30%～50% 的乙酸溶液。

（2）添加醋酸盐或硫酸铜至饱和状态,或使添加的氯化铜浓度达到约 30%（因为氯化铜的溶解度较高,饱和时的添加量过大）。

（3）将植物标本放入加热至 80～100 ℃ 的溶液中（根据植物对温度的需求而定）。

（4）植物由绿色变成褐色,又重新恢复绿色,绿色接近原色时取出,放入清水中。

（5）将标本在瓷片上完全铺开后,再覆盖一块瓷片,然后放到微波炉支架上烘干,时间根据植物的不同而变化。

（6）烘干后,过塑或置于标本箱中即可。此方法比较简单,快速,固绿保绿效果良好,适合多种植物的腊叶标本制作。

2. 干燥花保色技术

（1）红色康乃馨、红玫瑰保色技术：王玲等(2011)对红色康乃馨进行 1 个周期的自然干燥,即只有经过质量分数 7.5% $C_4H_6O_6$（酒石酸）浸泡 15 h、质量分数 10% $C_4H_6O_6$ 浸泡 10 h 或 15 h 预处理,可制得成品干花,色泽鲜艳,可与原花质量相媲美。兰霞等(2011)以广州地方产的红色玫瑰为材料,在不同的配比条件下,发现用质量分数 5% $C_6H_8O_7$ + $C_3H_8O_3$ 等比例混合溶液浸渍 5 h,随后用硅胶、脱脂棉包埋,再在烘炉中烘干 1 天,所得的玫瑰干花色泽与鲜花最为相近。

（2）油菜花、黄菊花保色技术：孙汉巨等(2005)对油菜花进行了冷冻干燥试验,得到了 $C_6H_8O_7$ - H_3PO_4（柠檬酸-磷酸）的混合缓冲溶液是对油菜花进行保色,效果最好的有机酸。王凤兰等(2011)分别使用了质量分数 3% $C_6H_8O_7$、质量分数 5% $C_6H_8O_7$、质量分数 3% $C_6H_8O_7$ + 质量分数 3% $KAl(SO_4)_2$、HCHO（甲醛）+ $MgCl$ + $NaCl$ + $KAl(SO_4)_2$ + $C_3H_8O_3$（甘油）+ CH_3COOH（醋酸）加水至 1 L,再进行吸水处理 48 h,可以获得保色效果良好的黄菊花。

（3）栀子花保色技术：曹明翰等(2011)利用烘箱干燥技术,对 6 种不同配比的栀子花进行了保色试验,确定了最佳的栀子花保色条件,即以质量分数 10% $C_3H_8O_3$ + 质量分数 10% $C_6H_8O_7$ + 质量分数 2% 硫酸钠的试剂,能有效地抑制栀子花干制过程中的褐变,使其具有最佳的品质和观赏价值。

10.3.5 标本的保存

制作的植物腊叶标本要注意保管,以免发生虫害和霉变。标本应该保存在标本柜中。标本柜的构造要求是密闭、防潮,尺寸和样式可视需要定制。标本入库之前,要把每一份标本进行归类，并记录在记录簿上。登记和编号的目的，就是要随时了解馆藏标本的数量和种类，以便更好地保管和使用。

在放进柜子之前，标本一定要完全干燥。标本柜中应该放置樟脑、干燥剂、防霉剂等。如发现霉菌，可用毛刷将菌丝轻拂，在标本上点上福尔马林溶液，或用紫外线灯灭菌。在日常操作中，取出和放置标本时，应及时关上柜子的门。

另外，在搬运和放置标本过程中，由于相互的摩擦，也可能造成部分材料的脱落和破损。需要取一叠标本中的某份标本时，必须整叠取，放在桌子上，然后一张一张地翻看，切忌从中硬拿。为了减少样本间的损耗，可以用牛皮纸或硬纸将标本分开或按类别放置。

第 11 章 植物浸制标本制作

11.1 概　　述

植物浸制标本是通过将标本浸泡在特定的保存液中,以保持其形态特征、颜色和结构,并防止腐烂、干燥或变形的一种标本类型。常见的保存液包括乙醇、甲醛、甘油等,具体选择取决于标本的用途和需要保持的特性。

11.2 植物浸制标本采集

11.2.1 藻类的采集

针对不同类型的藻类,采集的方法可能会有所不同,因为它们在生态环境和生命周期方面存在差异。以下是一些常见藻类的采集方法:

1. 衣藻的采集

衣藻是一类单细胞绿藻,常见于富含有机质的库塘和河沟等水体中。它们在天气暖和的时候往往会成群生长,使得水体呈现草绿色。采集衣藻时,将 25 号生物网放入含有衣藻的水体中,并左右摆动,让衣藻被网捕捉,随后将生物网提出水面,确保获取足够多的衣藻。打开生物网的底管阀门,将捕捉到的衣藻和水一起放入标本瓶中。最后在标本瓶上贴上标签,标明采集时间和地点等信息。

2. 颤藻的采集

颤藻是一种蓝藻,其体型呈丝状,由一列细胞组成,丝状体的顶端细胞呈半圆球形。在颤藻的丝状体中,通常存在向内凹陷的死细胞和两边膨大的隔离盘,两个隔离盘之间的部分被称为藻殖段。采集颤藻的主要步骤如下:

(1) 采集地点选择

颤藻常分布在浅水沼泽、水沟、池塘等富含有机质的水域。因此,在采集前应选择适合的生长环境。

(2) 采集工具准备

准备大广口瓶或标本瓶作为容器,并备好铲子或类似的工具。

(3) 采集方法

① 直接采集法：将大广口瓶或标本瓶直接放入水中，使其与颤藻和水一起浸泡，然后迅速将瓶口封紧，以防止样本溢出。

② 泥土铲取法：用铲子将颤藻连同附着的泥土一起铲取一薄层，并将其放入标本瓶中。这种方法更适用于采集颤藻的藻殖段，因为这些部分通常附着在泥土表面。

(4) 标本处理

将采集到的颤藻标本与水一起放入标本瓶中，确保标本完整，并尽量减少水中的杂质。

3. 眼虫藻的采集

眼虫藻是一种单细胞藻类生物，能营光合作用。以下是采集眼虫藻的简要步骤：

(1) 采集地点选择

眼虫藻一般生活在有机物丰富的水域，如池塘、水坑、排水沟等，常与其他藻类混生。尤其在春季的污水沟中，可能会有大量的眼虫藻。因此，在采集前应选择适合的生长环境，特别是有机物较丰富的水域。

(2) 采集工具准备

准备采集瓶或标本瓶作为容器。

(3) 采集方法

将采集瓶直接放入水中，使其与眼虫藻和水一起灌入。注意选择水中有较多眼虫藻聚集的地点，有助于提高采集效率。

4. 水绵的采集

水绵属是绿藻门的一类多细胞丝状藻类。以下是水绵采集的主要环节：

(1) 采集地点选择

水绵属绿藻，通常生长在库塘、河沟和浅水稻田等水体中，是常见的多细胞丝状绿藻之一。特别是在水体较深时，它们可能成为浮游绿藻。

(2) 采集工具准备

准备抄网和镊子作为采集工具。同时准备广口瓶作为样本容器。

(3) 采集方法

使用抄网捞取水中的水绵丝状体。可以轻轻在水面上滑动抄网，将藻丝集中到网中。然后再用镊子将采集到的绿藻丝状体放入准备好的广口瓶中。

11.2.2 真菌的采集

在采集过程中，按照一定的层次顺序进行观察和寻找目标标本，如草丛、落叶层、枯枝、树木等不同的生境环境。发现目标标本后，先观察并拍摄周边生态生境，填写采集记录卡，记录标本的采集日期、地点、生境特征、习性描述等信息。这些信息对于后续的标本鉴定和研究非常重要。

在观察和记录完毕后，才进行标本的采集。在采集过程中，要注意采集大、中、小菇蕾等各个阶段的标本，确保样本的代表性。同时，确保采集到的每份标本都保持完整性，包括菌盖表面的附属物、菌环、菌托及地下部分等。根据标本的质地情况，分别用软纸或报纸包裹，然后将标本和采集记录卡一一对应放入采集箱中。对于木生标本，可以带一些树皮或枯枝，有助于保存标本的完整性和特征。

11.2.3　地衣植物的采集

地衣是由真菌和藻类形成的共生生物体，具有稳定的互利关系。在采集地衣时，需要根据其生长环境和形态选择适当的方法，注意尽量避免损坏地衣本身，并且保持与附着基质的连接，以保证采集到的标本完整性和质量。以下是针对不同类型地衣的采集方法：

石生壳状地衣：使用锤子和钻子敲下石块时，需注意选择适当的角度沿着岩石的纹理进行敲击，应该尽量敲下带有较完整地衣形态的石片，以尽量保留地衣的完整形态。

土生壳状地衣：使用刀将地衣连同一部分土壤铲起，并放入纸盒中，以防止散碎。这样可以保持地衣的完整性，便于后续的处理和保存。

树皮上的壳状地衣：可使用刀或枝剪将地衣连同树皮一起割下，有些情况下可以剪取一段树枝，以确保标本的完整性。

生长在藓类或草丛中的叶状地衣：可用手或刀将地衣连同苔藓或杂草一起割下。这样可以保持地衣的完整性，并且避免受到外界环境的影响。

枝状地衣：可使用刀或枝剪将地衣连同一部分基质（如树皮、树枝等）一起采下来。这样可以保持地衣与附着物的连接，保证标本的完整性。

11.2.4　苔藓植物的采集

采集苔藓植物时，对于地上或岩石表面的苔藓，使用小刀将其从土中挖起或从岩石上轻轻刮取。对于能够直接用手拔起的苔藓，则可以直接取下。用镊子尽量去除植物根部附着的泥土，使得标本看起来整洁，并且避免将泥土带回实验室。如果泥土较多或者泥土粘在一起，可以轻轻用水漂洗一下。对于附生在树皮或树叶上的苔藓，可以将其连同所附着的树皮或树叶一同采集，以保持完整性。

将采集到的苔藓用干燥的纸张包裹好，编上编号，并在记录本上作简要记录，包括采集地点、日期、生境等信息。然后将包裹好的标本放入塑料袋或采集包中，确保不会受潮或变形。

11.2.5　蕨类植物的采集

蕨类植物的孢子囊对于分类鉴定非常重要，因此在采集这类标本时，应尽可能选择具有孢子囊的植株。同时，蕨类植物的根状茎通常埋藏在土壤中，因此，在采集蕨类植物标本时，需仔细挖掘，以保持根状茎的完整性。

另外，一些蕨类植物具有不同形态的孢子叶和营养叶，这些叶片对于物种鉴定和科学研究都是必不可少的。因此，在采集标本时，应将孢子叶和营养叶一并采集。此外，蕨类植物多生长在阴湿的环境中，其原叶体对于适应辐射和物种进化研究具有重要意义，在采集标本时，特别注意保留原叶体，并且可以单独保存以备后续研究。

11.2.6　种子植物的采集

种子植物可分为被子植物和裸子植物，它们的繁殖器官（花、果实和种子）在植物的物种鉴定中很重要，因此种子植物需采集有花有果的材料。

11.3　植物浸制标本制作方法

11.3.1　防腐浸制标本

防腐浸制标本的制作相对简单，以下是一般的步骤：

1. 选择材料

从采集到的植物样品中选择需要保存的标本，确保选择的材料是完整的，没有明显的病害或损伤。

2. 清洗

用清水彻底清洗植物材料，去除表面的污物和杂质。

3. 修整

对植物材料进行修整，修去烂叶、黄叶和部分小枝，避免重叠，去掉残缺不全的花朵等，确保标本整洁、完整。

4. 浸制

将修整后的标本放入容器中，浸泡在预先调配好的防腐液中。常用的防腐液包括4%～10%的福尔马林或30%～70%的酒精。浸制液的浓度取决于标本的含水量，含水量高的标本需要浓度较高的浸制液，并可加入少量甘油以防止过度脱水。

5. 处理大型果实类标本

对于比较大的果实类标本，最好在果实底部钻1～2个小孔，以便防腐液浸透进去，确保防腐效果。

6. 压重

在浸制过程中，如果标本浮于液面而不下沉，可采用玻璃板、瓷器等重物压入其中，以确保标本完全被浸泡。

7. 封存

最后，将容器密封，以防止防腐液挥发和外界微生物的侵入，并在容器上贴上标签标明标本的相关信息。

需要注意的是，使用这种方法制作的防腐浸制标本只能保存标本的形状，无法保持标本原有的色彩。

11.3.2 原色浸制标本

1. 绿色植物浸制标本方法

植物呈绿色是由于叶绿素的存在,传统方法制作的植物浸制标本,叶绿素本身也很容易被酒精或甲醛保存液中的化学成分所分解和破坏,导致植物标本的绿色很快就会褪去。叶绿素分子的中心包含镁离子,这是导致叶绿素呈现绿色的主要原因之一。当叶绿素受到酸处理时,其中的镁离子易被酸中的氢离子置换,导致绿色消失而呈现黄褐色,形成了去镁叶绿素,叶绿素还能与其他金属盐,如铜盐发生作用,在这种情况下,铜离子会填补原来镁离子的位置,使叶绿素再次呈现绿色。这种绿色更为稳定,不易被光氧化,也不溶于福尔马林。因此,利用这一原理,可以使用醋酸铜溶液处理新鲜的植物标本,使其在保存液中永久保持绿色,而不会褪色或变质。

绿色浸制标本的制作,通常先用固定液固定颜色,然后用清水漂洗,最后置于保存液中保存。周萍(2007)对于绿色植物浸制标本的原色保存进行了研究,内容如下:

(1) 方法一

① 将醋酸酮缓慢加入 50% 的冰醋酸中,直到形成饱和溶液。

② 将制备好的饱和溶液按 1∶4 的比例稀释。也就是将饱和溶液与冰醋酸按照体积比 1∶4 混合。

③ 加热稀释后的溶液至 80 ℃。

④ 当溶液温度达到 80 ℃ 时,将绿色标本投入溶液中,并继续加热。随着加热的进行,绿色标本会逐渐由绿色变为黄色、褐色,最后又重新变为绿色。这时,停止加热。

⑤ 将处理好的绿色标本置于福尔马林固定液中。

(2) 方法二

① 将绿色植物标本置于硫酸铜和福尔马林混合的溶液中浸泡 10~20 天。硫酸铜可以帮助保持绿色,而福尔马林则有防腐作用。

② 浸泡结束后,将标本取出,然后更换一次新的硫酸铜与福尔马林混合的溶液,再次浸泡 10 天。

③ 浸泡结束后,将标本取出,并用清水彻底冲洗干净,以去除残留的化学物质。

④ 将处理好的标本置于福尔马林固定液中长期保存。

2. 红色植物标本的保持方法

红色植物标本的保持方法可参考王荣祥等(2007)的方法,具体如下:

(1) 生杀处理

取用 50 g 醋酸铜,加入 1000 mL 蒸馏水,制备成 5% 的醋酸铜溶液(即抑制液)。将经过洗涤和消毒处理的红花植物标本(包括完全开放和含苞待放的花朵)分别置入适当的容器中。随后,缓慢地将 5% 的醋酸铜溶液倒入容器中,以浸渍植物标本。标本需浸泡 24~48 h,期间应根据花朵的尺寸、厚度及质地差异,适当调整溶液的浓度和浸泡时间。

(2) 装瓶

配制保存液时,应取亚硫酸 5 mL、甘油 5 mL,并加入蒸馏水至总量达到 1000 mL。随后,将经过生杀处理的原植物标本(山丹)置入适当的标本瓶中,缓慢地将保存液倒入直至瓶满,旋紧瓶盖,并用石蜡密封。完成以上步骤后,将标本瓶置于阴凉处,避免阳光直射。

对于处理红绿交错的果实,使其在标本中保持原有的颜色。可以采用以下步骤:

① 浸泡:将红绿交错的果实浸泡在质量浓度为 0.05 g/mL 的硫酸铜溶液中,约浸泡 10 天左右。在浸泡过程中,果实会逐渐由红色变为褐色。

② 漂洗:当标本由红色变为褐色时,取出进行漂洗,将残留的溶液冲洗干净,以防止溶液残留对标本的影响。

③ 保存:将处理好的标本放入质量浓度为 0.01~0.02 g/mL 的亚硫酸溶液的标本瓶中保存。亚硫酸溶液可以帮助保持标本的颜色,并且具有一定的防腐作用。

3. 黄色植物标本的保持方法

(1) 保存液配制

30 mL 6%亚硫酸,30 mL 甘油,40 mL 95%的酒精,900 mL 水。

(2) 保存方法

李玉平等通过实验改良出黄色果实的保存方案为:6%的亚硫酸 268 mL、80%~90%的酒精 568 mL 和水 50 mL。直接把需浸泡的植物材料浸泡在此溶剂中,便可持久保存。戴竟时用氯化锌 200 g,蒸馏水 4000 mL、甲醛 100 mL、甘油 100 mL,保存黄色果实,效果较佳。王荣祥等对植株经过修剪,洗涤消毒,生杀处理后,黄菊花等花朵保存效果较佳,值得学习。

4. 紫色植物标本的保持方法

(1) 保存液配制

100 mL 10%的氯化钠,50 mL 40%的甲醛,870 mL 水。

(2) 保存方法

紫色、黑紫色、棕黑色保存方法可适用于如葡萄、深棕色梨等紫色、黑紫色、深褐色果实。具体操作为将 40%甲醛 50 mL、10%氯化钠水溶液 100 mL 和水 870 mL 混合搅拌,经沉淀过滤后形成保存液。首先使用注射器向标本内部注入少量保存液,然后直接将标本置于保存液中。

11.3.3 植物浸制标本的保存

将经过固绿处理的标本分别放入大小适宜的标本瓶中。随后,将配制好的保存液慢慢加入标本瓶中,直至瓶满。并且加盖标本瓶,并密封瓶口。密封封口的目的是防止空气进入,防止标本腐烂和变色。将石蜡切成小块,熔化后用刷子将融化的石蜡涂抹于标本瓶的接缝处,确保瓶口密封。贴上标签,注明制作时间、植物名称等信息。然后,将制作好的标本放于阴凉避光的位置,尽量避免标本转移和晃动。接着进行日常观察记录,起初 3 天每天观察 1 次,后续每隔 2~3 天观察 1 次。记录保存液是否浑浊、变色,若有变化,则按照原来的配方将保存液更换。同时观察标本的颜色和形态是否发生变化,做好观察记录。

第 12 章　生物标本创意作品制作

12.1　概　　述

　　生物标本类型多样，分为浸制标本、剥制标本、干制标本、骨骼标本和切片标本等。传统生物标本制作技术复杂、制作周期较长，标本造型比较单调，缺乏创新性和时代感。本节基于长期的实践过程以及多年参加省级生物标本制作大赛的经验，对不同生物标本重新组合，对单型、生态型、对比型、辅助型组合标本的实例和功能进行阐述。

12.2　生物标本创意制作案例展示

12.2.1　单型组合

1. 昆虫或羽毛组合

　　昆虫的形态多样，色彩鲜艳，蕴含着自然的神秘感。体型轻巧的昆虫，通过制作者各种创新组合，给观赏者带来别样的体验和视觉冲击。如鳞翅目的蝴蝶、膜翅目的蜜蜂以及蜻蜓目的蜻蜓等昆虫，通过各种创新设计把大量个体组合在一起，如小圆套大圆式、层层镶嵌式或形状模板式等，再辅以自己匠心独具的元素，就能表现一种别样的美感。同样，动物的羽毛由于轻盈柔软、色彩多样，不同颜色和形状的羽毛也能拼贴成一幅幅美妙的画卷。另外，也可以制作成3D立体羽毛标本，比如小鸟、小鱼或其他飞禽走兽等样式。总之，单型标本的创新创意组合是非常理想的直观教学用具，可以让学生对昆虫的分类、分布、形态、习性和生活史等知识有更深入的认知和理解，丰富学生的生物学知识，提高生物学素养。此外，可以将昆虫或羽毛组合标本装裱成画，或者将3D立体羽毛标本制作成小型摆件，置于办公室、家庭或者公司等场所，以营造和谐之感。

　　组合标本制作范例：采集各种蝴蝶标本，根据每种蝴蝶标本的颜色、大小和形状，进行恰当的组合，将其拼贴成巨型的蝴蝶形状，造成视觉的冲击。当然也可拼成其他的形状，如字体、人物画像等。另外，可以使用鸟类的羽毛组合不同的画面，然后装裱成框。

2. 植物叶片、叶脉或果实、种子组合

　　随着经济和社会的逐步发展，人们越来越追求天然的东西，因为天然的东西既健康环保,同时又寓意独特。在生活中,随处可见植物叶片、果实和种子,虽然有些叶片、果实具有毒性,但是经过特殊处理,可以制成绚丽的叶脉或干果。经染色后的叶脉、保色的叶片以及脱水的五谷果实都能够拼贴多种多样的画作,如染色的叶脉可以拼贴山水画、风景画、人物画等装饰品。再比如可以使用五谷拼贴成国旗、会徽或者中国结等可爱的装饰物,既表达了相应的情感,又开拓了装饰品的新领域。

组合标本制作范例:利用五谷和叶脉可组合成中国地图,各省的轮廓可用五谷表示,而每个省内的区域可用叶脉组合拼贴,当然若想增添文化底蕴,可以添加软笔书法或者水彩等辅助元素。也可利用单一的叶片和花瓣进行艺术创造,比如可拼贴山水画、风景画或者人物画像等,最后装裱成框。

3. 微生物标本组合

微生物个体微小、种类繁多、与人类关系密切。通过活体培养无毒无害的微生物,可以在培养皿中描绘出独特的画面。这种微生物绘画可分为真菌描绘和细菌描绘。用独特的处理方法如抑制剂、杀菌剂等,预先在培养基上描绘出想要的画面,然后经过数天的培养,微生物可在无抑制剂的地方生长,在小型培养皿中形成一幅美丽的画面。另外,可以通过各类细菌或者真菌本身独特的颜色和形状,进行创意组合。通过制作活体微生物标本,一方面可激发学生对微生物的学习兴趣;另一方面也可以训练学生微生物学实践操作的能力。

组合标本制作范例:培养不同的微生物,根据微生物的习性和特点,采用适当的抑菌剂,在微生物标本中描绘各式各样的形态,此外还可根据不同微生物的颜色、形状等特点进行各种艺术加工,组合成一幅有趣味的情景故事图。

12.2.2 生态型组合

1. 动植物标本组合

生物标本的重要用途之一便是公众科普宣教。在面对公众时,若以单一的动物标本或者是植物标本展现,那么只能传递给公众有限的信息,缺乏视觉的冲击力。传统的生物标本无论是结构还是姿态都比较单一,无论是动物标本还是植物标本都无法单独构建一个小型的生态系统或者一个形式多样的场景。针对这一问题,在长期、大量的实践过程中,将动物标本和植物标本有机结合,以树干或者其他材料作为载体,构建小型的生态系统,展示生物间的捕食、竞争、共生或是寄生的相互关系。动植物标本的组合,不仅可以作为直观教学的辅助工具,促进学生对动物学、植物学和生态学相关知识的理解和掌握,培养学生对生物学的兴趣和提高生物学科学素养;同时可以作为科普宣教工具,提高公众的科学素养和野生动植物保护意识;另外,也可以将动植物标本组合陈列于生物标本馆中,有利于濒危物种的保存,可以为今后的分子生物学研究提供样品材料。

动植物标本组合范例1:以一棵树为框架,制作一个小型的生态系统。各个枝头放上不同姿态的鸟类标本,如觅食的喜鹊、正要飞翔的阿穆尔隼、正要降落的四声杜鹃,还有眉目传情的红嘴相思鸟等。在树干上,用动物标本展示"螳螂捕蝉、黄雀在后"的自然界食物链关系。以动物、植物构建小型的生物系统,在这个生态系统中,动植物和谐相处,维持着动态平衡。

动植物标本组合范例2:以环境保护为主题,制作一棵小型的景观树,树冠整体呈圆形,将树的整体分成两个部分,一半为葱葱郁郁;而另一半为凄白苍凉。绿色生机的一边,在树枝间可以搭建一个鸟窝,一对成年喜鹊正忙于孵卵育雏,而此时缓缓爬上树枝的黑眉锦蛇悄悄地盯上了喜鹊巢里的鸟蛋,一幕惊险的场景正在上演;树下田鼠、草兔穿游,不禁让人羡慕其悠然自得的闲情逸致,同时隐藏在树枝间的阿穆尔隼和东方角鸮也在贪婪注视着这些猎物,又不禁让人为这些可爱的鼠、兔捏把汗。而枯萎的树枝下则呈现出另一番情景,地面是黄沙漫漫,沙漠上还裸露几具残骨,给人一种凄凉、衰败的印象。两者形成鲜明的对比,给人一种视觉的强烈冲击,突出作品的主体,呼吁公众保护环境,关爱生命。

2. 添加声光模拟系统

考虑到传统生物标本陈列仅仅是一种静物展示,并且对展示环境的光线要求较高。以此为突破点,尝试采用适当的科学技术,比如声音模拟系统,在标本陈列厅中,尽可能地还原标本原有的声音,如鸟鸣、虫叫、兽类的吼声等,让生物标本更加栩栩如生。此外,还可以采用特殊的光照系统,如LED灯,照亮动物标本或植物标本局部或特殊结构,让标本在夜晚也能焕发独特魅力,真正让欣赏者体会到标本的美感。

展示传统的生物标本时,因空间的局限性,无法系统全面地展现标本各个方面的独特性。本书标本制作团队科学攻关,设计了一个旋转装置从而解决了这个难题。在标本展示过程中,将标本的底座置于手动或自动转轴之上,也可以采用更有技术含量的磁悬浮,让标本360°手动或自动旋转,摒弃视觉盲区。这一技术既可以运用到动物标本,也可以运用到植物标本的展示过程中。

添加声光模拟系统的标本范例:运用现代科技,将声音、光照系统、旋转装置等与传统的生物标本相结合。声音技术方面,可以运用蓝牙无线音箱、声音传感器等,将动物鸣叫声录入声音装置中,根据设定的开关远程控制声音的开启与关闭。这些装置需隐藏在标本之中,以保持神秘感。当然,这一声音系统如应用于大型组合标本则效果更加理想。光照技术方面,安装特殊的光照系统投射在标本的不同角度,即使在夜晚光线很暗的情况下,也能通过独特的光照,使标本呈现不一样的美。旋转装置技术方面,可以在标本基座下安装磁悬浮、手动或自动轴承旋转装置,一方面不需要观众围绕标本的四周观看欣赏;另一方面可以使标本整体创新技术得到大幅度提高。

12.2.3 对比型组合

1. 动物内部器官对比

动物的内脏器官,如肝脏、肾脏等,对其结构的观察研究,有助于了解其功能。内脏器官血管铸型标本是一种新型的动物器官标本,该技术利用内脏器官里的血管系统,将动物的内脏进行血管铸型,暴露出鲜红的血管纹理,血管铸型标本能够清楚地展示不同动物相同内脏器官的结构和特性的差异。

动物内部器官对比标本制作范例:血管灌注了的动物内脏可以呈现出不同的颜色,如蓝色或红色,将其置于标本缸里,对其进行浸制保存,当然浸制液体最好是透明无色,这样才能清晰地观察血管铸型标本。不同内脏的血管灌注标本组合在同一容器或者不同的容器里,对其改造创新,添加独特的荧光使其发光,可以集科学性与观赏性于一体。

2. 动物骨骼对比

不同种类的动物骨骼数目及大小、形态各不相同,有实质骨,也有中空骨,因此它们的功能也不尽相同。经过剔除肌肉、漂白、干燥和打磨等工序,将同一纲目或者属种的动物骨骼进行对比。

动物骨骼对比标本制作范例:对不同类群的动物,如鱼纲、两栖纲、爬行纲、鸟纲和哺乳纲动物的头骨、脊柱、附肢骨骼制作成对比标本。形象而直观地展示脊椎动物骨骼系统的演化过程。或者对同一动物不同部位的骨骼制成对比标本,以便更好地理解动物骨骼结构与功能的关系。

12.2.4 辅助型组合

1. 添加绘画技术

中国画历史悠久,具有独特的视觉美感。将动物标本或者植物标本添加在国画中,别具一番韵味。以山水画为背景,将压制好的保色植物叶片或者花卉,粘贴在画面的恰当位置,实现中国画与植物标本的完美搭配,虚实结合,让标本充满文化气息。如若添加中国软笔书法,也有别具一格的美感。

将标本置于画中的组合,不仅独特新颖,而且具有一定的文化韵味。经过保色处理的植物标本,不仅保存时间长久、观赏性强,而且具有收藏纪念等诸多价值。将这样一种组合作品作为装饰画也不失为一个很好的选择。

辅助型标本制作范例:作品名称——"和谐"。画面通过展示一只孔雀和一个小女孩的亲密相处来表达心灵相通的重要性。所用材料为琥珀、叶脉以及保色叶片、花卉等,同时添加一定的绘画元素。孔雀的尾巴用琥珀和植物的叶片拼接而成,孔雀的头部可用水彩绘制。翩翩起舞的小女孩的裙摆使用叶脉装饰,同时,小女孩的上半身也可用水彩绘制。另外,地面可用一种淡淡的土黄色简单勾勒描绘。画面整体淡雅素净。

2. 添加三维立体技术

传统的植物标本,几乎全是平面型的,很难见到三维立体的植物标本。如何突破植物标本展示单调、表现呆板的缺点,标本制作团队进行了大量的探索和尝试,最终通过三维立体展示技术打破了传统植物标本只能平面展示的局限性。这种三维立体展示技术,主要依靠辅助工具对压制后呈现平面化的植物标本进行改造。这种工具可以是亚克力板、铁丝等。经过处理后,无论是叶片还是花卉都可以表现为三维立体形态。这种新型的标本组合创意可以激发学生的学习兴趣,调节课堂氛围,有助于知识的传播;也能够培养学生的动手能力和创新思考能力,尝试在不同领域对组合标本有新的突破;同时,新颖的组合标本,也会迎来巨大的市场前景,推动生物标本的转化应用。

辅助型标本制作范例:作品名称——"社会主义核心价值观"。运用保色的叶片和花卉,将其组合在亚克力板上,不同模块的亚克力板的内容不一,分别为富强、民主、文明、和谐、自由、平等、公正、法治、爱国、敬业、诚信、友善共 12 个模块。每个模块可运用独特的元素,将其内容表现出来。如自由,可表现为一个自由自在、无忧无虑的热气球在空中飞翔。那么平等则可表现为一个均分的大蛋糕、每个人都均等地分到一块。同时和谐可表现为一家三口的脚印,交相辉映,和谐友爱。同样道理,其他内容可根据同等的方式表现出来。整体树立起来,中间为一个扇形,两边像一面屏风,具有古典韵味。形象生动,充分诠释社会主义核心价值观的理念。

  生物标本,种类繁多,形式多样。一方面,生物标本作为直观教学工具发挥着重要作用,它能够在理论课和实验课上作为辅助工具,以保证教学内容的正常进行并提高教学效果。另一方面,生物标本具有重要的科学研究价值和科普宣教价值,可以为新种发表提供实物证据,为生物多样性、分子系统发育等研究提供样品来源。

  新技术、新材料在生物标本制作领域中越来越广泛地应用,创新创意思维在生物标本组合和标本展示环节越来越多地应用,极大地推动了生物标本制作技术的发展进步和生物标本陈列展示方式的与时俱进,顺应了建设创新型国家的社会潮流,满足了公众科普宣教的需求,体现了新技术、新材料的优越性,具有广阔的发展前景。

第 13 章　生物标本保管

13.1　生物标本保存

13.1.1　生物标本的损害因素

1. 物理和化学因素

环境因素对生物标本的安全保存具有重要影响。温度的变化可能导致标本中水分的蒸发或凝结，从而影响标本的形态和质地。极端的高温或低温也可能导致生物组织的退化和破坏。例如蝴蝶、蜻蜓、蝉等昆虫标本会随着温度升高，轻盈单薄的翅膀干裂而碎裂损坏。湿度的变化会直接影响标本中水分的含量。湿度过高可能导致霉菌和真菌的生长，湿度过低可能导致标本变得脆弱和干燥。长时间的强烈光照可能导致标本褪色。空气中的杂质、灰尘、有害气体等都可能对标本造成损害。有害气体如酸雨、二氧化硫等可能导致化学反应，影响标本的稳定性。

2. 生物因素

标本在长期保存过程中容易发生虫蛀、霉变、鼠啃等，造成标本损坏。动植物标本的制作环节防腐不彻底也是造成标本损坏的一个因素，比如动物剥制时皮下脂肪未清理干净，或者填充物的防虫工作不科学，均会导致标本后期的腐烂和虫害。另外，对于标本的皮毛或羽毛，清洁和消毒工作也同样非常重要，不充分清洁和消毒可能导致细菌和真菌的滋生，从而加速标本的腐烂。

13.1.2　生物标本的防护措施

1. 防虫问题

防虫是确保生物标本安全的一项重要工作。日常防虫可以在标本柜中放置樟脑，并定期检查，随时补充。标本陈列室定期除虫可以采用中草药或化学药物熏蒸、杀虫剂直接喷杀等方法。化学方法杀虫快速，效果显著，可大批量处理，但对环境、人体、标本有所损害，在实际操作中，需选择高效、低毒的杀虫剂，并加强个人防护。

2. 防霉变问题

生物标本保存场所防止霉变发生的关键是温度、湿度控制。生物标本室应保持干燥、通风、阴凉，可安装空调和除湿机保持适宜温度、湿度，建议室内温度保持 5～25 ℃，相对湿度保持45%~55%，标本柜密封良好。不具备安装空调设备条件的标本室可以采用放置干燥剂方法防潮、除湿。生石灰、$CaCl_2$和硅胶是常用的干燥剂。它们能够吸湿并防止标本受潮，从而减少霉变的风险。定期检查干燥剂的状态非常重要，如果发现防潮剂已经饱和，应及时更换，以保持其有效性。

如果发现个别标本已经受到霉菌感染，及时采取措施处理，以免传播到其他标本。

3. 控制光照

几乎所有光线都会对生物标本造成损伤，尤其是紫外线和红外线，因此很多标本都不能直接暴露于未加控制的光照下，长时间进行阳光照射，会使生物标本失去原有的色彩。

标本馆常采用的光源一般有两种，即自然光源和人工光源。自然光源对标本的损害主要表现在紫外光、红外光和可见光等光谱范围内。紫外光对标本的某些化学物质和有机材料有破坏作用。长时间暴露在紫外线下，标本中的有机物质可能发生氧化、褪色和变质。光谱范围内的可见光和高强度的红外光也可能对标本产生影响，尤其是对某些颜色敏感的标本。因此为了减少这些损害，保存标本时可以将标本存放在避免阳光直射的地方，或者使用具有紫外线过滤功能的灯具。

使用人工光源对标本进行照明相对于自然光源来说有一些优势，因为可以更好地控制光照的强度、光谱组成和方向。避免直射和集中照射，照明时间和强度越短越弱越好，光源与标本距离越远越好。这有助于最大程度地保护标本，减少可能的损害。

13.2 生物标本管理

生物标本的管理是生物学研究中非常重要的一部分，规范严格的管理可以确保标本的质量，使其能够长时间保存并在科学研究和科普宣教中发挥重要价值。

13.2.1 标本入馆程序

1. 粘贴标签

（1）野外采集记录签

植物标本用标本馆专用的野外采集记录签打印标本的采集号、采集人、采集时间、采集地点、生境信息等，然后粘贴在台纸的右下角空白位置上。如果标本太大，则把标签纸的右两角用胶粘在台纸上，左边两个角不粘，这样查阅者可以揭开标签纸观察被盖住的标本。

（2）定名标签

标本馆专用的定名标签打印标本的中文名、拉丁学名、分类地位、制作人、制作时间、鉴定人等信息。植物标本定名签贴在台纸的左下角。如果标本太大，则与野外采集记录签粘贴的方法一样。新的标签应贴在原标签的上方或靠近原标签以便于将来的标本归柜和研究，不得覆盖原有的鉴定签；不能直接书写在台纸或原有的鉴定标签上，更不能涂改或撕毁原鉴定签。

动物标本野外采集记录签和定名标签可以做成竖牌置于标本基座旁。

2. 入库登记

植物标本的入库登记，首先，在标本台纸上选择合适的位置盖上标本馆印章；然后，用号码机在野外采集记录签、标本馆印章及定名标签上分别编上流水号，每份标本有三个相同的标本馆流水号，以防长时间以后标签脱落或丢失仍能在标本的台纸上找到相应的流水号。

动物标本的入库登记，野外采集记录签和定名标签上分别编上流水号，每份标本的标本馆流水号相同且唯一。

3. 录入数据库

新标本编号手续完成后，接下来一步是把标本信息输入标本馆数据库并给标本贴上条形码，再用数码相机对标本进行全方位拍照存档，才能入库归柜。科学、规范、翔实的馆藏标本数据和图片信息是数字标本馆建设的基础。

13.2.2 标本的保存和归柜

1. 分类

动物标本按制作方法排列为骨骼标本、浸制标本、剥制标本、铸型标本、干制标本、塑化标本、透明标本、玻片标本等。可以按照类别分类入柜保存。

植物标本中被子植物按哈钦松系统，裸子植物按郑万钧系统，蕨类植物按秦仁昌系统，苔藓植物按陈邦杰系统分类入柜保存。科名及科号的索引贴在标本柜的侧面。每个科各属的排列以及每个属各种的排列均按英文字母顺序。有些标本夹里可能包括不止一个分类单元，当查阅标本后，仍然按字母顺序排列好。未鉴定到属的标本放在该科的最后面，未鉴定到种的标本放在该属的最后面。模式标本单独存放，其排列方式与非模式标本相同。

2. 归柜

必须把已编号的标本归到标本馆各陈列室的相应标本柜中，否则标本尤其是植物标本将会因放错位置而难以检索，失去其应有的价值。归柜前先将植物标本按科、属、种分类，然后逐一归柜。如果是新增加的种或属，则需要另找种夹和属夹，并在种夹和属夹的正面左下角用铅笔分层写上科号、属、种加词（或变种、变型），然后才归柜。注意每个属夹、种夹所包括的标本不应超过 30 份。

13.3 生物标本展示

生物标本馆为生物类、农林类以及医学类专业学生的实验与实践教学提供了重要场地，为非生物类专业学生提供了通识教育场所，也为民众提供了科学普及的重要场地，同时，生物标本馆也是保存物种遗传信息的生物资源库。

由于标本馆生物标本种类繁多、数量巨大，这就为生物标本的保存、使用、展览等工作带来极大的困难。传统生物标本的管理多采用账本、卡片的管理方式，其检索、维护颇为不便；同时，频繁地使用还会使标本很快损坏。借助计算机信息技术，建立数据库，实现对生物标本的管理，可达到快速查询所需标本相关信息的目的。这不仅改变了传统的标本管理方式，使管理成本降低，还可避免标本的损坏丢失等，使标本保存期限延长，同时在网络化的平台上，使标本的利用效率提高，为今后合理利用动物和植物资源提供信息基础和保证。

数字化动物标本馆的建设旨在利用动物标本的图像和文字信息，建立数字信息化平台，使师生可以检索个体标本甚至整个种群的信息，并将数据对其开放使用，实现资源共享。这一转变使得动物标本馆从传统的以标本借阅为主的单一功能服务，转变为以信息和知识的收集、传播、发布、检索为主的多功能服务。通过数字化的手段，动物标本馆不再是被动提供服务的场所，而是主动向用户提供各种信息和知识，充分发挥教学和科研功能，提升服务水平，满足用户需求。

数字化标本利用现代多媒体技术，如数码相机、摄像机等，通过摄影、摄像或3D建模的方式，将动植物的特征以图片、视频、动画、3D模型等形式展现，并将动物素材转化为电子文件进行保存。数字化动物标本在补充传统标本制作及保存过程中的不足方面具有诸多优势，主要包括：

（1）数字化技术的发展确实为展示动物的形态学、生物学和生态学信息提供了更多可能性。高质量的图像和视频可以清晰地呈现动物的形态特征，而且拍摄过程相对便捷。通过摄像技术可以完整记录动物的生物学特性和生态学信息，尤其是在动物处于活体状态时拍摄，能够展现出它们的活力和生命力，提升标本的美观度和丰富度，丰富了动物标本展示的形式和内容。

（2）数字化标本有助于保护珍稀和濒危的动物物种。传统的标本制作可能需要捕捉大量的动物，这可能会对动物的生存和生态平衡造成不利影响。通过数字化技术，可以保存动物的形态特征、生物学特性和生态学信息，从而避免了对动物的过度捕捉和生态平衡的破坏。此外，数字化标本的制作过程也更加节约时间，拓宽了标本采集的渠道，减少了对动物资源的争夺。因此，数字化标本不仅符合生态保护的理念，也是对可持续发展的实践，有助于保护环境、维护生态平衡。将动植物信息留存在数字化平台中，有利于科学研究和教育的发展，也符合国家可持续发展的战略。

（3）数字化标本的优势之一是可以实现长期保存并方便携带，这使得标本不再受限于季节和地域，同时也降低了标本被损坏或丢失的风险。数字化标本还具有可重复、可共享、个性化和灵活性等特点，使得标本的利用更加灵活和高效。通过数字化平台，可以实现动植物标本资源的最大化利用，从而解决现有标本保存困难、数量稀缺等问题，对于相关执法部门、科研院所等具有重要的实际价值。

13.4 生物标本应用

13.4.1 教学

高校标本馆凭借丰富的馆藏标本可以为本科生和研究生提供丰富的学习和培训资源，在动植物分类学及其他相关课程的学习和培训中起着重要的作用。通过丰富的馆藏标本、实践教学基地以及与动物园、植物园的结合，学生可以获得更深入的生物学知识和实践经验，提高他们的科学素养和专业能力。

13.4.2 科普

公众科学素养是国民素质的重要组成部分，是反映一个国家或地区综合竞争力的重要指数，对社会经济的发展具有重要影响。美国科学促进协会（American Association for the Advancement of science，AAA）（2001）曾从科学知识、科学方法、科学思维、科学认识等四个方面对科学素养进行了首次定义，认为科学素养可以增加人们敏锐地观察事件的能力、全面思考的能力以及领会人们对事物所做出的各种解释的能力。

高等院校在自身的发展过程中，形成了丰富的科普教育资源，理应在公众科普中发挥重要作用。笔者依托生物标本资源，积极开展野生动物保护科普工作。主要通过以下几个方面实现。

第一，依托自制生物标本，积极向公众开放学校标本馆，使高校的科普资源得到更好地利用，充分发挥高校在公众科普中的作用，通过开放参观和标本讲解，丰富大家的知识。开阔公众视野，增长公众知识。

第二，面向广大市民，举办生物科普知识讲座，同时大力宣传野生动植物知识，使市民在学习科普知识的同时，又相应地了解怎样保护野生动植物资源，增强市民的野生动植物保护意识和科学素养。

第三，合作办生物标本科普，高校集中了相关专业的专家，具有科学研究、宣传创新等方面的优势，但由于经费短缺，往往心有余而力不足，通过高校与地方联合办科普的方式，可以很好地利用双方的优势。

13.4.3 科研

从当地获得生物标本，可以作为研究本地区生物区系的重要依据。以鸟类标本为例，结合本地区鸟害防治，开展本地区鸟类调查，掌握本地区鸟类的种类、数量、季节及地区分布、活动规律等。为保护当地鸟类资源和开展鸟击防范提供基础资料和理论依据。

利用当地的动植物标本，开展本地区动植物样品库（基因库）建设。随着现代分子生物学技术的进展，动植物标本作为动植物遗传基因的载体，也成为保存物种遗传多样性的基因库，为生命科学研究提供必不可少的物质基础。本制作团队通过对当地鸟类标本的取样与保存，保留了鸟类的遗传信息研究材料，为以后对鸟类遗传信息和分子生物学分析提供了很好的物质基础，鸟类标本可以保存较长时间，制作鸟类标本具有保存鸟类遗传基因信息简便的特点，同时易于采样及研究，在需要做某种鸟类遗传信息及分子生物学研究时，只需从标本上取部分皮肤或羽毛即可。对于极其濒危与珍贵的鸟类，这种遗传信息储存与研究方式，在一定程度上对鸟类资源起到了很好的保护作用，有效地减少了因临时需要研究某种鸟类遗传信息而采集鸟类对鸟类造成的伤害。

13.4.4 服务地方经济建设

地方高校在服务地方经济发展中有着举足轻重的作用,服务地方经济应该成为地方高校科研发展的立足点,高校丰富的科技、文化和人才资源在构建区域创新体系的过程中具有无可比拟的优势和不可替代的地位。例如可与当地机场方面合作,协助机场建立了机场常见鸟类标本陈列室,通过参观标本和聆听讲解,让机场工作人员了解更多的鸟类习性及鸟类知识,并运用于驱鸟工作中去,做到科学驱鸟,合理化驱鸟,对于珍稀濒危鸟类,能驱除就不捕杀,在驱鸟的同时又能有效地保护鸟类资源,维护了物种的多样性。良好的安全飞行环境,为发展当地经济起到了重要的促进作用。

参 考 文 献

陆琴,2016.浅析自然标本的损害原因及科学防治[J].常州文博论丛(0):187-190.
荆秀昆,2020.档案害虫的物理防治:低温冷冻杀虫法[J].中国档案(5):80.
肖方,2012.标本世家"南唐北刘"[J].生命世界(11):56-61.
董会,杨广玲,孔令广,等,2017.昆虫标本的采集、制作与保存[J].实验室科学,20(1):37-39.
李淑苓,1980.昆虫标本的制作与保存[J].陕西林业科技(1):122-127.
欧喜成,2014.昆虫干制标本的制作方法[J].农业与技术,34(7):248.
吴琼,Achterberg C V,陈学新,2017.膜翅目昆虫针插标本制作[J].应用昆虫学报,54(2):340-345.
余智勇,1999.人工"琥珀"昆虫标本的制作方法[J].江苏农业学(5):40-42.
张辰,祖国浩,李二峰,等,2022.小蜂玻片标本及针插标本制作方法[J].应用昆虫学报,59(6):1481-1488.
武迎红,2012.微小昆虫永久玻片标本的制作方法[J].内蒙古民族大学学报(自然科学版),27(3):322-323,332.
王文浩,李亚宁,胡颖琪,等,2022.昆虫器官玻片标本制作方法的改良优化[J].凯里学院学报,40(6):54-57.
宋月芹,张瑞敏,董钧锋,2011.粉虱伪蛹玻片标本制作技术[J].湖北农业科学,50(21):4389-4391.
颜卫,刘静,刘俊栋,等,2014.浸制标本制作新工艺的探索与应用[J].黑龙江畜牧兽医(14):94-95.
叶建生,王权,熊良伟,等,2013.鱼类浸制标本的制作技术[J].生物学教学,38(3):54.
张桂清,2004.动物浸制标本的制作[J].科学课(2):44.
葛海龙,朱广浩,毕清林,等,2014.几种观赏鱼原色标本制作方法[J].南方农业,8(24):172-173.
曹天玲,邹小晴,岳扬钗,等,2018.几种鲤科鱼类骨骼标本的制作方法总结[J].河南水产(2):25-28.
李冬玲,2005.两栖类动物骨骼标本的简易制作[J].生物学教学(10):44-45.
段艳红,1997.鸟类骨骼标本的制作[J].生物学通报(1):42.
谈晓梅,王亚轲,牛德彪,等,2020.鸡全身骨骼标本的制作[J].现代牧业,4(3):46-49.
武迎红,2009.动物骨骼标本的制作[J].内蒙古民族大学学报(自然科学版),24(6):662-663.
孔维波,赵宇飞,王子豪,等,2019.哺乳动物骨骼标本制作过程中漂白方法的改良:以家兔骨骼为例[J].黑龙江畜牧兽医(15):158-162.
范可章,范海燕,张卫星,等,2010.中小型脊椎动物头部骨骼标本制作的试验研究:以制作兔头骨骼标本为例[J].阜阳师范学院学报(自然科学版),27(4):66-69.
徐世义,何立华,曲寿河,等,2020.中药资源普查腊叶标本制作规范化探讨[J].科学咨询(科技·管理)(6):33.
王广艳,2015.植物标本在植物学教学中的应用[J].安徽农学通报,21(21):46-47.
玛尔孜亚,马丽,2014.浅谈野生植物标本的采集与腊叶标本的制作[J].新疆畜牧业(10):45-46.
邸华,张建奇,车宗玺,2018.植物腊叶标本的采集与制作方法[J].绿色科技(6):158-159.
林巧贤,闫霖,林桂如,等,2019.一种腊叶标本快速干燥方法的研究[J].安徽农学通报,25(23):146-148.
楚爱香,才新山,王琳,等,2011.植物腊叶标本的消毒方法[J].生物学通报,46(1):56-57.
林祁,1997.腊叶标本的装订[J].生物学通报(4):40-41.

李兆防,2011.绿色植物腊叶标本几种保绿法的比较与探索[J].生物学教学,36(6):48-50.
黄岳锐,张建桃,2019.我国干燥花保色技术研究进展[J].园艺与种苗,39(4):57-58,91.
张丹,2012.浅谈植物标本的制作与保存技术[J].吉林农业科技学院学报,21(3):60-62.
玉荣,2005.绿色标本的浸制法[J].实验教学与仪器(5):24.
张颖,陶佳喜,戴必胜,等,2000.植物绿色浸制标本的制作[J].生物学通报(12):36.
周萍,2007.初探植物浸制标本的原色保持[J].甘肃教育(14):56.
古红梅,刘天学,纪秀娥,等,2002.常见藻类标本的采集、培养与制作[J].周口师范高等专科学校学报(2):58-59.
董锴,王伟康,李永民,等,2022.哺乳动物剥制标本制作工艺探究及改进[J].信阳农林学院学报,32(1):100-105.
王晓宇,李永民,张兴,等,2023.鸟类头骨、下肢骨分类教学标本制作工艺探究[J].信阳农林学院学报,33(4):96-102.
李永民,谢允昊,聂传朋,等,2018.两栖爬行动物剥制标本制作工艺探究及改进[J].宿州学院学报,33(12):116-120.
聂传朋,李永民,崔亚东,等,2013.高校标本室在教学及科普教育中的应用新探:以阜阳师范学院动物标本室为例[J].阜阳师范学院学报(自然科学版),30(3):93-95.
聂传朋,黄磊,李永民,2014.大型鸟类剥制标本的制作及其在大学生实践教育中的应用:以蓝孔雀为例[J].阜阳师范学院学报(自然科学版),31(2):103-107.
李永民,褚志冰,张坤,等,2020.生物标本制作技术改进与标本组合的创新设计[J].武夷学院学报,39(9):8-13.
李永民,姜双林,聂传朋,等,2015.机场鸟类在动物学特色专业人才培养中的应用[J].阜阳师范学院学报(自然科学版),32(2):122-125.
李永民,刘奇,陈杰,等,2011.鸟类剥制标本制作工艺探究及改进[J].阜阳师范学院学报(自然科学版),28(4):66-69.
李永民,聂传朋,谢修超,2010.动物标识牌的规范建设[J].阜阳师范学院学报(自然科学版),27(3):82-83,90.
王欣雨,霍新丽,姜业奎,等,2024.昆虫多样性调查方法介绍[J].中国蜂业,75(3):61-66.
李征兵,郭小峰,2020.浅谈植物标本(腊叶标本)的采集与制作技术[J].花卉(10):189-190.
李兴美,蔡阅,何勇,2023.牧草标本制作与保存方法研究[J].黑龙江科学,14(2):74-77.
刘凌云,郑光美,2009.普通动物学[M].北京:高等教育出版社.
唐子英,唐子明,唐庆瑜,1985.脊椎动物标本制作[M].上海:复旦大学出版社.